案例资源

图形入门：CorelDRAW X7 快速上手——安装 CorelDRAW X7

参阅第 9 页 "1.3.1 安装 CorelDRAW X7" 的内容，了解如何安装 CorelDRAW X7

绘图工具：绘制基本矢量图形对象——制作手机广告

参阅第 57 页 "3.4.2 举一反三——制作手机广告" 的内容，了解如何制作手机广告

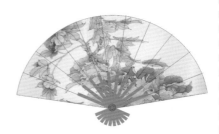

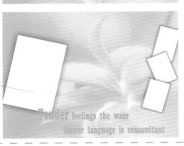

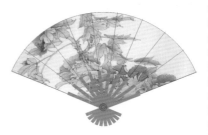

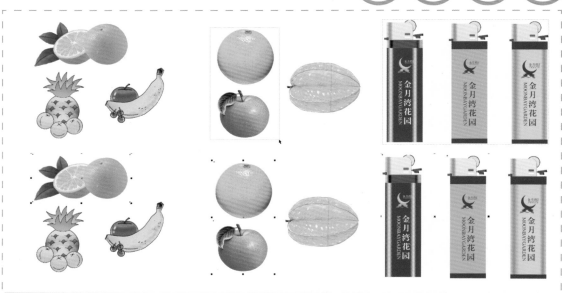

编辑图形：简单操作矢量图形对象——运用鼠标移动对象

参阅第91页"5.2.1　运用鼠标移动对象"的内容，了解如何运用鼠标移动对象

填充颜色：制作极具时尚感的图形——心心相印

参阅第 154 页 "7.3.4 运用 '颜色滴管' 工具填充颜色" 的内容，了解如何利用 "颜色滴管" 工具制作心心相印图案

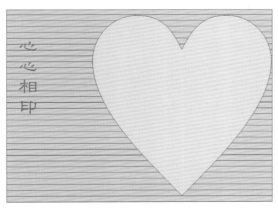

填充颜色：制作极具时尚感的图形——双色图样填充

可以参阅第 158 页 "7.5.1 双色图样填充" 的内容，了解如何利用双色图样填充制作商场购物广告

文本效果：画龙点睛突出广告主题——直接创建路径文本

参阅 177 页 "8.2.1 直接创建路径文本" 的内容，了解如何创建路径文本

中文版

CorelDRAW X7 一本通
图形设计完全自学

龙 飞 等编著

电子工业出版社
Publishing House of Electronics Industry
北京·BEIJING

内容简介

　　本书是初学者全面自学CorelDRAW X7的经典畅销教程。全书从实用角度出发，全面、系统地讲解了CorelDRAW X7的功能，基本上涵盖了CorelDRAW X7所有的工具、面板和菜单命令。书中在介绍软件功能的同时，还精心安排了80多个具有针对性的实例，帮助读者经松掌握软件的使用技巧和具体应用，以做到学用结合。书中实例都配有教学视频，详细演示案例的制作过程。

　　本书的特点是把CorelDRAW X7的知识点融入到实例中，读者可以从实例中学到图形基础知识、文件的基本操作、基本图形的绘制、对象的调整与编辑、对象的组织与管理、对象颜色的填充和轮廓的编辑、文字与设计的精美组合、特殊效果的制作、位图的编辑和应用、位图滤镜等，以及企业VI、商业卡片、商品包装、POP广告及DM广告等精选实例的制作方法。

　　本书结构清晰，内容丰富，采用了由浅入深、图文并茂的方式进行讲述，是各类计算机培训中心、学校，以及中等职业学校、中等专业学校、职业高中和技工学校的首选CorelDRAW X7教材，同时也可以作为户外广告、海报招贴、POP广告、VI设计、DM广告和商品包装设计人员和新手入门的自学参考书。

　　本书配套光盘提供了书中案例的素材、源文件及视频教程。

　　未经许可，不得以任何方式复制或抄袭本书之部分或全部内容。

　　版权所有，侵权必究。

图书在版编目（CIP）数据

中文版CorelDRAW X7图形设计完全自学一本通 / 龙飞等编著. —北京：电子工业出版社，2019.4
ISBN 978-7-121-35328-4

Ⅰ. ①中⋯　Ⅱ. ①龙⋯　Ⅲ. ①图形软件　Ⅳ.①TP391.413

中国版本图书馆CIP数据核字（2018）第245521号

责任编辑：田　蕾　　特约编辑：刘红涛
印　　刷：北京世汉凌云印刷有限公司
装　　订：北京世汉凌云印刷有限公司
出版发行：电子工业出版社
　　　　　北京市海淀区万寿路173信箱　　邮编：100036
开　　本：787×1092　1/16　　印张：20　　字数：587.7千字　彩插：2
版　　次：2019年4月第1版
印　　次：2019年4月第1次印刷
定　　价：99.00元（含光盘1张）

参与本书编写的有：柏松（笔名：龙飞）、谭贤、谭俊杰、徐茜、刘嫄、苏高、周旭阳、袁淑敏、谭中阳、杨端阳、李四华、刘伟、卢博、柏承能、刘桂花、刘胜璋、刘向东、刘松异、柏慧。

　　凡所购买电子工业出版社图书有缺损问题，请向购买书店调换。若书店售缺，请与本社发行部联系，联系及邮购电话：（010）88254888，88258888。

　　质量投诉请发邮件至zlts@phei.com.cn，盗版侵权举报请发邮件至dbqq@phei.com.cn。

　　本书咨询联系方式：（010）88254161～88254167转1897。

软件简介

CorelDRAW是当今流行的图形绘制和平面设计软件之一，是Corel公司开发的一款功能强大的矢量图形设计软件，自问世以来，深受平面设计人员和图形图像处理爱好者的喜爱。CorelDRAW X7的推出，使其在绘图和平面设计制作领域占据了非常重要的地位。

写作驱动

本书为基础教程书，体系结构完整，由浅入深地对CorelDRAW X7的入门、创建与编辑文本对象以及位图等内容进行了全面细致的讲解，帮助读者快速地学习CorelDRAW X7中文版的基础知识与实际应用，同时也能掌握超出同类书的大量的实用技能和方法，通过实战演练的方式可以逐步掌握软件的核心技能与操作技巧。

本书在编写过程中，注重对理论知识的讲解和专业技巧的放送，每个案例在设计之前，以速成指路的方式，给出效果欣赏和实战导航，让读者在学习案例制作前，对效果有初步的了解。在案例的书写过程中，又以手记的方式，全程讲解和剖析案例的制作，让读者全面接触专业制作。

本书特色

- 完备的功能查询：工具、按钮、菜单、命令、快捷键、理论、范例等应有尽有，内容详细、具体，不仅是一本自学手册，更是一本即查、即学、即用手册。
- 全面的内容介绍：图形入门、绘图工具、直线曲线、编辑图形、管理图形、填充颜色、文本效果、表格效果、特殊效果、立体效果、滤镜效果等。
- 细致的操作讲解：80多个技能实例演练，40多个专家指点放送，1140多张图片全程图解，让学习软件变得如庖丁解牛，通俗易懂。
- 超值的光盘赠送：240多分钟书中实例操作重现的演示视频，450多个与书中内容同步的素材与效果源文件，可以随调随用。

细节特色

- 5个综合实战案例设计：书中最后布局了5个综合实战案例，其中包括企业VI效果、商业卡片效果、商品包装效果、POP广告效果、DM广告效果等。
- 40多个专家指点放送：作者在编写时，将软件中40个方面的实战技巧、设计经验毫无保留地奉献给读者，不仅大大丰富和提高了本书的含金量，更方便读者提升实战技巧与经验，提高学习与工作的效率。
- 80多个技能实例演练：本书是一本全操作性的实用实战书，书中的步骤讲解详细，其中有80多个实例进行了步骤分解。与同类书相比，读者可以省去学习理论的时间，能掌握超出同类书大量的实用技能。
- 240分钟实操视频播放：书中的技能实例，以及最后5大综合案例，全部录制带语音讲解的视频，时间长度达240多分钟，全程同步重现书中所有技能实例操作，读者可以结合书本来观看和学习，也可以单独观看视频。
- 450多个素材效果奉献：全书使用的素材与制作的效果共达450多个文件，其中包含200多个素材文件，250多个效果文件，涉及商业广告、电子商务、包装设计、企业宣传、品牌推广等，应有尽有。
- 1140多张图片全程图解：本书采用了1140多张图片，对软件的功能和应用进行了全程式图解，通过这些图片的辅助，让实例内容变得更加通俗易懂，读者可以一目了然，快速领会，从而大大提高了学习效率。

本书内容

本书共13章，通过基础理论与实践相结合，全面、详细、由浅入深地介绍了中文版CorelDRAW X7的各项功能，让读者的实战能力更上一层楼。

全书站在读者的立场上，共分为两部分：基础知识和商业实战。

篇　　章	主　要　内　容
基础知识	前12章"基础知识"注重基础知识的引导，让读者没有压力，轻松从零开始学起。本部分主要内容包括"图形入门：CorelDRAW X7快速上手""基础操作：掌握图形文件的基本操作""绘图工具：绘制基本矢量图形对象""直线和曲线：轮廓线条的绘制与调整""编辑图形：简单操作矢量图形对象""管理图形：分布、对齐与修整图形""填充颜色：制作极具时尚感的图形""文本效果：画龙点睛突出广告主题""表格效果：准确直观的高视觉展示""特殊效果：让图形更具有艺术美感""立体效果：呈现丰富的3D图形特效""滤镜效果：制作酷炫的位图特效"等，让读者快速掌握基础知识，以及该软件的核心技术与精髓知识
商业实战	第13章"商业实战"注重精华内容的操练，以实战为主，锻炼读者的实际操作能力。本部分通过练习企业VI、商业卡片、商业包装、POP广告和DM广告等实例的制作，让读者在实践中巩固理论知识，快速提升制作与设计能力

版权声明

作者团队

本书由龙飞编著，参与编写的人员还有何中伟等人，在此表示感谢。由于作者知识水平有限，书中难免有错误和疏漏之处，恳请广大读者批评、指正，联系邮箱：itsir@qq.com。

编　者
2019年1月

读者服务

读者在阅读本书的过程中如果遇到问题，可以关注"有艺"公众号，通过公众号与我们取得联系。此外，通过关注"有艺"公众号，您还可以获取更多的新书资讯、书单推荐、优惠活动等相关信息。

投稿、团购合作：请发邮件至art@phei.com.cn。

扫一扫关注"有艺"

第1章 图形入门：CorelDRAW X7快速上手

CorelDRAW X7是一款通用而且功能强大的图形设计软件，是矢量绘图、版面设计、网站设计和位图编辑等方面的工具软件，该软件由加拿大Corel公司推出，被广泛应用于商标设计、插画描画、模型绘画、排版、LOGO制作等领域。本章主要介绍CorelDRAW X7软件的入门相关知识，帮助读者快速了解CorelDRAW X7。

本章学习重点

CorelDRAW X7 软件入门

图形图像的基础知识

安装、启动与退出
CorelDRAW X7

认识 CorelDRAW X7 工作界面

1.1 CorelDRAW X7软件入门

CorelDRAW是最早运行于PC上的图形设计软件，并迅速占领了大部分PC图形图像设计软件市场，CorelDRAW X7集设计、绘图制作、编辑、合成、高品质输出、网页制作和发布等功能于一体，使创作出的作品更具有专业水准。本节将向读者介绍CorelDRAW X7的应用领域，并进行功能展示。

1.1.1 CorelDRAW X7的应用领域

CorelDRAW X7具有良好的界面和实用、快捷的交互式工具等，在各平面设计领域有着广泛应用。

1．VI设计

视觉识别（Visual Identity，VI）是企业识别（Corporate Identity，CI）中最具传播力和感染力的部分，可以将CI的非可视化内容转化为静态的视觉识别符号，将企业的基本精神及特色更清晰地表达出来。

视觉识别系统主要分为基础项目设计和应用项目设计。基础项目设计主要包括企业标志、标准字、标准色、标准规范等；应用项目设计主要包括使用方法、事务用品、广告宣传、标识系统、传播媒介、交通工具和制服等。

如图1-1所示为运用CorelDRAW X7为企业设计的部分VI作品效果。

图1-1 VI设计

2．商业广告设计

CorelDRAW作为强大的绘图软件，其强大的图文处理功能和快捷的交互式绘图工具，在商业广告设计中发挥着巨大的作用。商业广告主要包括传达各类商品信息、品牌信息、企业形象信息、服务信息、观光旅游信息和交易会信息等。如图1-2所示为运用CorelDRAW X7软件设计的商业广告作品。

图1-2 商业广告设计

3. 插画卡漫设计

CorelDRAW强大的绘图功能为插画的制作和应用开拓了非常宽广、活泼的表现空间，从而可以完美地再现艺术作品。

随着艺术的日益商品化和新的绘画材料及工具的出现，插画艺术进入商业化时代。商业插画主要包括广告商业插画、卡通漫画插画、影视游戏、出版物插画和卡通插画等。如图1-3所示为运用CorelDRAW X7软件设计的商业插画作品。

图1-3 商业插画作品

4. 包装设计

商品的包装设计与广告一样，是企业与消费者之间直接沟通的桥梁，是一个极为重要的宣传媒介，好的包装可以提高产品的受欢迎程度，增加产品的销量。但是产品的包装设计并不是越

艳丽、档次越高就越好，而是根据产品本身的身份，适当地应用色彩、文字和图形等达到包装产品的推广性。如图1-4所示为运用CorelDRAW X7软件设计的包装作品。

图1-4 包装设计作品

5. 书籍装帧设计

使用CorelDRAW绘图软件可以轻松地制作出任何条形码，再结合其方便、快捷的辅助功能及固定长度的绘制功能，使CorelDRAW成为了书籍装帧及版式设计的首选软件。

书籍装帧设计包括开本、字体、版面、封面、护封，以及纸、印刷和材料的艺术设计等。如图1-5所示为运用CorelDRAW X7软件设计的书籍封面作品。

图1-5 书籍封面设计

🔖 专家指点

在设计操作过程中，常见的绘制矢量图像的软件有CorelDRAW、Illustrator、AutoCAD 和 FreeHand 等。

6. 室内外设计

传统的室内外设计图纸上只有一些简单的线条和标注，运用CorelDRAW软件绘制图纸，可以打破传统的模式，绘制出内容更加丰富、色彩更加饱满的室内外设计图纸，从而使室内外设计规范图的展示效果更加逼真和生动。如图1-6所示为运用CorelDRAW X7软件设计的室内平面户型图。

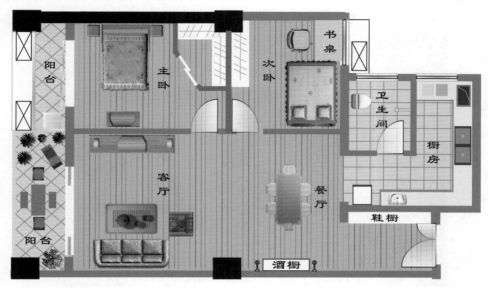

图1-6 室内平面户型

7．UI设计

UI的本意是用户界面（user interface），简单地说，就是人和工具之间交互的界面。运用CorelDRAW软件可以加强产品的造型与质感设计，更加突出视觉感受。如图1-7所示为运用CorelDRAW X7软件设计的UI作品。

图1-7 UI设计作品

 专家指点

在设计时，常见的制作位图图像的软件有 Adobe Photoshop、Ulead PhotoImpact、Design Painter 和 Corel PHOTO-PAINT 等。

8．网页设计

CorelDRAW X7软件的图像设计功能非常强大，运用各种绘图工具和文本工具能制作出精美的网页。如图1-8所示为运用CorelDRAW X7软件设计制作的网页。

图1-8　网页设计作品

 CorelDRAW X7功能展示

CorelDRAW X7应用程序是一款功能非常强大的图形图像处理软件，其功能主要体现在8个方面。

1．绘制图形

运用CorelDRAW X7提供的各种绘图工具，可以设计千姿百态的矢量图形，如直线、曲线、矩形、圆形、星形和多边形等一切规则图形，可以运用"粗糙笔刷工具"和"涂抹工具"绘制不规则的图形，也可以运用"艺术笔工具"绘制出自带颜色的花草、箭头和卡通人物等。

2．处理文本

CorelDRAW X7具有强大的文本处理功能，例如，可以在页面中创建美术字和段落文本，输入的文字既具有图形的属性，又具有文本的属性；对输入的段落文本可以进行字体、字号、首字下沉和分栏等格式的设置。

3．变形对象

CorelDRAW提供了多个改变造型的工具，如"交互式变形工具""变互式调合工具""交互式阴影工具""交互式透明工具""粗糙笔刷工具""涂抹工具"等，运用这些工具，可以将简单的几何图形变得丰富多彩。

4．填充对象

使用填充工具组、交互式填充工具组和吸管工具组中的工具，以及"颜色"泊坞窗和各种调色板，都可以为图形对象设置填充颜色和轮廓颜色。

5．转换功能

CorelDRAW X7提供了多种转换功能，如图形与曲线之间的转换、文字与图形之间的转换及美术字与段落文本之间的转换等。运用"导入"和"导出"命令，还可以将文件转换为不同的格式。

6．处理位图

CorelDRAW X7具有专门的位图图像处理体系，可以对位图图像进行各种基本操作及色彩色调的调整和应用滤镜等。

7．制作网页

在CorelDRAW X7中，可以运用各种绘图工具和文本工具制作出精美的网页，还可以将网页发布到网络上共享。

8．输入与输出

CorelDRAW X7具有完善的文件输入和输出功能，既可以通过扫描仪和数码相机等输入设备获取图像，也可以通过打印机输出文件，还具有发布HTML文件，以及与WWW进行连接等功能。

1.2 图形图像的基础知识

在CorelDRAW X7中进行绘图与编排之前，必须先掌握一些相关的基础知识，如色彩模式、矢量图形与位图图像，以及图形图像文件的格式等。

认识色彩模式

在计算机绘图中，颜色有很多种表示方式。在日常的设计工作中，可能在显示器上看到的图像效果和打印出来的效果有很大差别。这是因为不同的设备显示颜色的范围不同。同时，有些颜色人的眼睛可以分辨，但是不能打印出来；即使是同一种颜色，在不同人的眼睛里，其显示效果也不尽相同。因为颜色是人眼睛的一种主观认识，在不同设备上精确表现同一种颜色，需要一个相同的色彩标准。

在CorelDRAW中，可以采用颜色模式和颜色配置文件来解决这个问题。使用颜色模式可以精确地定义颜色，并且在同一种颜色模式中，如果所有的参数都相同，那么所定义的颜色也相同。这样，对颜色的解释有了一个统一的标准，为不同的输入设备选择不同的颜色预置文件，可以使在屏幕上所见到的颜色和实际输出的颜色一致。

基于定义颜色的方式不同，颜色模式也有很多种。在CorelDRAW中，常用的颜色模式主要有RGB模式、CMYK模式、Lab模式、HSB模式及灰度模式等。

1．RGB模式

RGB模式是应用非常广泛的一种色彩模式，此模式是加色模式，它通过红、青、蓝3种色光相叠加来生成更多的颜色。

RGB也是色光的彩色模式，一幅24 bit的RGB图像有3个色彩信息的通道：红色（R）、绿色（G）、蓝色（B）。每个通道都有8位色彩信息———一个0~255的亮度值色域。R、G、B的数值越大，颜色就越浅（例如当R、G、B的数值都为255时，颜色被调整为白色）；数值越小，颜色就越深（例如当R、G、B的数值都为0时，颜色被调整为黑色）。

R、G、B这3种色彩都有256个亮度水平级。3种色彩相叠加，可以产生256×256×256=1670万种颜色。

在编辑图像时，RGB色彩模式是最佳选择。因为它可以提供全屏幕的多达24位的色彩范围，被一些计算机领域的色彩专家称为True Color真彩显示。

2．CMYK模式

CMYK颜色模式是标准工业印刷用的颜色模式，若要将RGB等其他颜色模式的图像输出并进行彩色印刷，必须将其模式转换为CMYK颜色模式。中文版CorelDRAW X7默认使用的是CMYK模式。

CMYK颜色模式的图像由4种颜色组成：青（C）、洋红（M）、黄（Y）和黑（K），每一种颜色对应一个通道，以及用来生成四色分离的原色。根据这4个通道，输出中心制作青色、洋红色、黄色和黑色4张胶版。在印刷图像时，将每张胶版中的彩色油墨组合起来以生成各种颜色。

3．Lab模式

Lab模式是一种国际色彩标准模式，它由3个通道组成：一个通道是透明度，即L；其他的两个通道是色彩通道，即色相和饱和度，分别用a和b表示。a通道包括的颜色值从深绿色到灰色，再到亮粉色；b通道包括的颜色值从亮蓝色到灰色，再到焦黄色。这些色彩混合后将产生明亮的色彩。

Lab模式在理论上包括了人眼可见的所有色彩，它弥补了CMYK模式和RGB模式的不足。通常在这种情况下，图像的处理速度比在CMYK模式下要快得多，与RGB模式的处理速度相仿。在把Lab模式转换成CMYK模式的过程中，所有的色彩不会丢失或被替换。事实上，将RGB模式转换为CMYK模式时，要先将其转换为Lab模式，再从Lab模式转换为CMYK模式。

专家指点

虽然图像模式之间可以相互转换，若从色域空间较大的图像模式转换到色域空间较小的图像模式，转换后的图像则会丢失一些颜色。因此，在转换图像的色彩模式时应慎重考虑。

4．HSB模式

HSB模式是一种更直观的色彩模式，它的调色方法更接近人的视觉原理，它不基于混合颜色，因此在调色过程中更容易找到需要的颜色。

HSB中的H代表色相，S代表饱和度，B代表亮度。色相是指纯色，即组成可见光谱的单色。红色为0度，绿色为120度，蓝色为240度；饱和度代表色彩的纯度，当饱和度为0时，即为灰色，黑、白、灰3种色彩没有饱和度；亮度代表色彩的明亮程度，最大的亮度是色彩最鲜明的状态，黑色的亮度为0。

5．灰度模式

在灰度模式下，每个像素用8个二进制位表示，以产生2^8（即256）级灰色调。当一个彩色文件被转换为灰度模式的文件时，所有的颜色信息都将丢失。尽管CorelDRAW允许将一个灰度模式的文件转换为彩色文件，但不可能将原来的颜色完全还原。

像黑白照片一样，一个灰度模式的图像只有明暗值，没有色相及饱和度这两种颜色信息。0代表黑，100%代表白，其中K值是用于衡量黑色油墨用量的。

将彩色模式转换为双色模式或位图模式时，必须先转换为灰度模式，然后由灰度模式转换为双色模式或位图模式。

1.2.2 认识矢量图形与位图图像

矢量图形和位图图像是数字图像设计中最基本的概念。在计算机中，图像大至可以分为两种：矢量图形和位图图像，CorelDRAW X7是基于矢量图形的绘图软件。

1．矢量图形

矢量图形又称为向量图形，由用数学对象定义的线条和色块组成。在画矢量图形时会用到大量的数学方程式，一般将矢量图形称为图形。

　　由于矢量图形由点和线组成，因此，矢量图形的大小与分辨率无关，无论将矢量图形放大多少倍，都不会失真，如图1-9所示，可以按任意分辨率打印，并且矢量图形文件所含有的数据量小，因此所占的空间也小，计算机运行的速度则会相对提高。但是矢量图形不易制作出色彩丰富的图像。

图1-9　将矢量图形放大后的效果

专家指点

由于矢量图形是用数学公式来定义线条和形状的，且它的颜色表示都是以面来计算的，因此它不像位图图像那样能够表现很丰富的颜色，在绘制过程中也不能像位图图像那样随心所欲地绘制和擦除。

2．位图图像

　　位图图像又称点阵图，是用许多像素点来表示一幅图像的，每个像素点都具有各自的颜色属性和位置属性。

　　若对位图图像进行较大倍数的放大显示或以低于创建时的分辨率来打印，图像将会失真，边缘将会出现锯齿状，如图1-10所示。若要输出高品质的位图图像，在进行图像设计之前，就应该设置分辨率，但文件会比较大，运转速度会相应地降低。

图1-10　位图图像放大后的效果

专家指点

位图的优点是可以表现非常丰富的图像效果，而缺点是在保存位图时，计算机需要记录每个像素点的位置和颜色，所以图像像素点越多，图像越清晰，而文件所占硬盘空间也越大，在处理图像时，计算机的运算速度也就越慢。

1.2.3 认识图形图像文件的格式

每一款图形设计软件，都有专用的图像格式，CorelDRAW软件除了可以对自身专用的CDR格式的图像进行编辑，还支持其他格式的图像文件。不同格式的图像文件，其应用领域和特点都不相同。

CorelDRAW常用的一些文件格式主要有7种。

1．CDR格式

CorelDRAW软件所有文件的存储格式，只可以在CorelDRAW软件中打开并进行编辑，而不能在其他程序中直接打开。CDR格式的文件是矢量图形，在缩小或放大时不会产生失真的现象，并且文件所占的空间较小。

2．JPG格式

JPG格式是一种压缩效率很高的保存格式，允许在各种平台之间进行文件传输，并支持8位灰度及32位CMYK的颜色深度。若在保存JPG的过程中，采用高压缩的方式，则图像的品质会降低，而低压缩的方式会使图像的品质较接近原来的图像。

3．BMP格式

BMP格式是Windows系统的文件格式，该格式也具有压缩功能，它可以保存1bit（黑白）～24bit（全彩）的RGB色彩阶数。在用BMP格式保存文件时，是使用RLE压缩格式，该格式既可以节省存储空间，又不会破坏图像的任何细节，唯一的缺点就是存储及打开的速度比较慢。

4．GIF格式

GIF格式是基于位图的一种格式，在制作网页时使用，也是一种高度压缩格式，并且文件较小，能缩短文件传输的时间。由于该格式最多只能保存256色，所在保存该格式的文件之前，应将文件转换为位图、灰度或超级大索引色等模式。

5．AI格式

AI格式是Illustrator软件所特有的矢量图形存储格式。该格式可以在Illustrator和CorelDRAW等矢量图形软件中直接打开，并且可以对其进行任意修改。

6．PSD格式

PSD格式是唯一支持Photoshop全部图像色彩模式的文件格式，支持图层、通道和路径等其他功能，使用非常方便。但由于要存储的东西较多，在存储时文件比较大，因此大部分排版软件都不支持PSD格式。

7．TIF格式

TIF格式也是一种跨平台、跨程序的强大的文件格式。该文件格式以RGB的全彩模式保存，支持24个通道，它也是除了PSD以外，能够存储多个通道的文件格式。

1.3 安装、启动与退出CorelDRAW X7

CorelDRAW X7支持本机安装，可以通过本机光驱进行安装和卸载。在安装CorelDRAW X7之前，建议先将计算机中安装的低版本的CorelDRAW程序卸载，以便于CorelDRAW X7的正常安装。

1.3.1 安装CorelDRAW X7

若要使用CorelDRAW X7软件，首先要在计算机上安装CorelDRAW X7。CorelDRAW X7的安装非常简单，下面进行简单介绍。

应用案例

安装CorelDRAW X7

素材：无　效果文件：无　视频：光盘\视频\第1章\1.3.1 安装CorelDRAW X7.mp4

STEP 01 将CorelDRAW X7的安装程序复制至计算机中，打开安装文件夹，选择.exe格式的安装文件，单击鼠标右键，在弹出的快捷菜单中选择"打开"命令，如图1-11所示。

STEP 02 执行操作后，弹出一个CorelDRAW X7的界面，提示正在初始化安装程序，并显示进度，如图1-12所示。

图1-11 选择"打开"命令

图1-12 初始化安装程序界面

STEP 03 稍等片刻，进入下一个界面，在其中选中"我接受该许可证协议中的条款"复选框，如图1-13所示。

STEP 04 单击"下一步"按钮，进入下一个界面，在其中输入用户名和序列号，单击"下一步"按钮，如图1-14所示。

图1-13 接受许可证协议

图1-14 输入用户名和序列号

STEP 05 进入下一个界面，单击"自定义安装"选项，如图1-15所示。

STEP 06 进入下一个界面，选中"CorelDRAW|矢量插图和页面布局"复选框，并取消选中其余4个复选框，单击"下一步"按钮，如图1-16所示。

图1-15 选择"自定义安装"选项

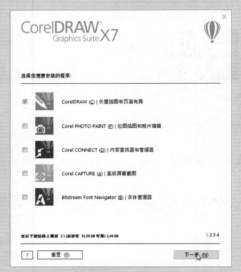

图1-16 选择所需选项的复选框

STEP 07 进入下一个界面，选中"实用工具"复选框，单击"下一步"按钮，如图1-17所示。

STEP 08 进入下一个界面，选中"安装桌面快捷方式"和"复制安装文件"复选框，并取消选中"允许产品更新"复选框，单击"下一步"按钮，如图1-18所示。

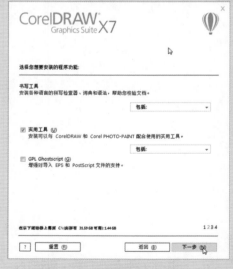

图1-17 选中"实用工具"复选框

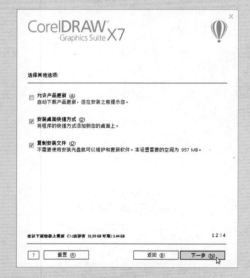

图1-18 选中相应的复选框

STEP 09 进入下一个界面，在其中更改软件的安装路径，单击"立即安装"按钮，即可完成安装设置，如图1-19所示。

STEP 10 执行上述操作后，进入下一个界面并显示软件的安装进度，如图1-20所示。

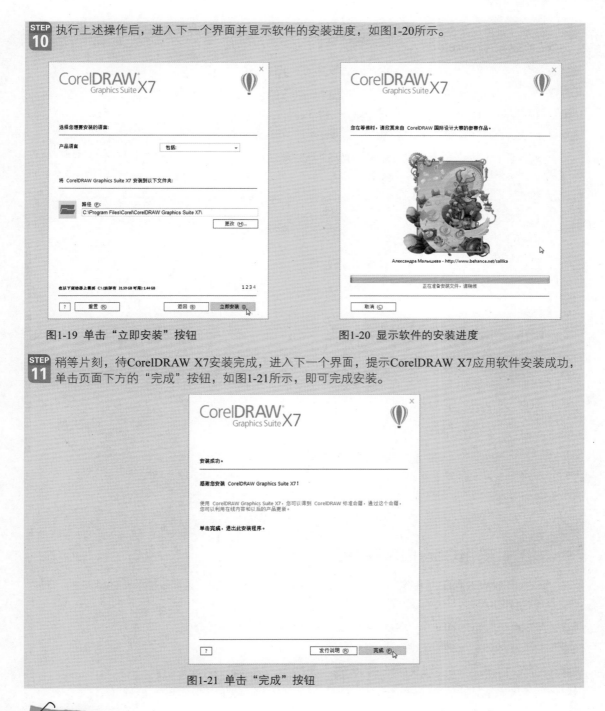

图1-19 单击"立即安装"按钮   图1-20 显示软件的安装进度

STEP 11 稍等片刻，待CorelDRAW X7安装完成，进入下一个界面，提示CorelDRAW X7应用软件安装成功，单击页面下方的"完成"按钮，如图1-21所示，即可完成安装。

图1-21 单击"完成"按钮

1.3.2 启动CorelDRAW X7

在学习CorelDRAW X7前，首先要掌握该软件的启动操作，本节主要介绍启动CorelDRAW X7的多种方法。

● "开始"菜单：单击"开始"按钮，选择"所有程序" | CorelDRAW Graphics Suite X7 (64-bit) | CorelDRAW X7 (64-Bit)命令。

● 快捷方式：在桌面上双击CorelDRAW X7快捷方式 。

● 快捷菜单：在CorelDRAW X7快捷方式上 单击鼠标右键，在弹出的快捷菜单中选择"打开"命令。

● 按钮：选中CorelDRAW X7快捷方式 ，按【Enter】键。

● 文件：在计算机中找到CorelDRAW文件，双击也可启动CorelDRAW X7程序。

运用以上5种方法都可以启动CorelDRAW X7程序，在启动程序后，会弹出一个欢迎使用CorelDRAW X7的界面，如图1-22所示。

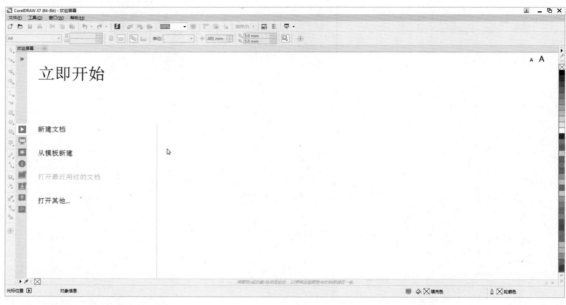

图1-22 CorelDRAW X7的欢迎界面

 1.3.3 退出CorelDRAW X7

在CorelDRAW X7中，将制作完成的文件或图形按格式保存完成后，需要退出CorelDRAW X7应用软件，退出CorelDRAW X7有6种方法。

● 关闭按钮：单击CorelDRAW X7应用程序窗口右上角的"关闭"按钮 ✕ 。

● 菜单命令：选择"文件" | "退出"命令。

● 程序图标1：双击标题栏左侧的程序图标 。

● 程序图标2：在标题栏左侧的程序图标上 单击鼠标右键，在弹出的快捷菜单中，选择"关闭"命令。

● 快捷菜单：在任务栏中的CorelDRAW X7程序上单击鼠标右键，在弹出的快捷菜单中，选择"关闭窗口"命令。

● 快捷键：Alt + F4。

运用以上6种方法都可以退出CorelDRAW X7程序。

1.4 认识CorelDRAW X7工作界面

在启动CorelDRAW X7软件后，进入CorelDRAW X7的工作界面。CorelDRAW X7的工作界面主要由菜单栏、标准工具栏、属性栏、标题栏、工具箱、水平标尺、垂直标尺、绘图页面、文档调色板、滚动条、滚动滑块、默认调色板和状态栏组成，如图1-23所示。

图1-23　CorelDRAW X7的工作界面及组成部分

认识标题栏

标题栏位于窗口的最顶端，左侧显示应用软件的名称及当前正在编辑的文件名称，右侧分别显示"最小化"按钮 ━ 、"还原"按钮 🗗 和"关闭"按钮 ✕ 。

● "最小化"按钮 ━ ：用于使窗口最小化，并显示在Windows任务栏。

● "还原"按钮 🗗 ：用于使窗口处于还原状态，还原窗口大小后，"还原"按钮 🗗 变成"最大化"按钮 ☐ ，单击该按钮，可使窗口最大化显示。

● "关闭"按钮 ✕ ：单击该按钮可关闭CorelDRAW X7窗口，退出应用程序。

认识菜单栏

在默认状态下，菜单栏位于标题栏下面，包括"文件""编辑""视图""布局""对象""效果""位图""文本""表格""工具""窗口""帮助"等菜单。每个菜单下都有多个子菜单，选择任意子菜单可以执行相应的命令，如图1-24所示。

图1-24　"视图"和"效果"菜单

1.4.3 认识标准工具栏

在标准工具栏中列出了一些最常用的按钮，通过这些按钮可以快捷地执行与菜单命令相同的操作。

标准工具栏的位置用户可以根据自己的需要设置，也可以将标准工具栏拖出来成为一个浮动的工具栏。方式为：在标准工具栏的左侧边缘按住鼠标左键并向外拖动，然后释放鼠标即可，拖出的标准工具栏如图1-25所示。

图1-25 标准工具栏

另外，中文版CorelDRAW X7还提供了其他工具栏，例如文件工具栏、缩放工具栏，用户可以根据需要随时将它们调出来。方法为：选择"窗口"|"工具栏"子菜单中的命令，或者选择"工具"|"选项"命令，在弹出的"选项"对话框中，单击"自定义"选项前的田，在展开的选项中选中"命令栏"选项，即可显示出包含的所有工具栏，如果想显示某个工具栏，选中相应工具栏名称前的复选框☑即可，如图1-26所示。

图1-26 选择要显示的工具栏

1.4.4 认识属性栏

属性栏是一种关联式的工具栏，它会随着所选工具或对象的不同而显示相关的属性与内容，例如选择"缩放工具"时，其属性栏如图1-27所示，当选择"透明度工具"时，其属性栏如图1-28所示。

图1-27 "缩放工具"属性栏

图1-28 "透明度工具"属性栏

1.4.5 认识工具箱

工具箱是CorelDRAW X7的一个重要组成部分，它几乎包含了所有的操作工具，如图1-29所示。

CorelDRAW X7的工具箱中共有63个工具，按照功能的相似性将它们归为了17类。用户可以看到，有些工具按钮的右下角有一个黑色的小三角形，单击小三角形，可以打开相应的工具组，单击相应的工具便可选取该工具。

图1-29 工具箱

下面介绍工具箱中各工具的含义。

1．选择工具

● 选择工具：用于选择对象或变形对象。

2．形状工具组

● 形状工具：用于进一步调节对象节点，改变对象造型。

● 平滑工具：可以使粗糙的曲线变得平滑。

● 涂抹工具：使用"涂抹工具"可以任意改变曲线的形状。

● 转动工具：可以使对象自由旋转、自由缩放、自由倾斜、自由角度镜像等。

● 吸引工具：通过将节点吸引到光标处来调节形状。

● 排斥工具：通过将节点推离光标处来调节对象的形状。

● 沾染工具：通过沿对象轮廓拖动来更改对象的形状。

● 粗糙工具：可以使平滑的曲线变得粗糙。

3．裁剪工具组

● 裁剪工具：用于裁切图形对象。

● 刻刀工具：用于将一个对象切割成几个对象。

● 虚拟段删除工具：删除图形中多余的线条，它只对矢量线条起作用，对位图和文本不起作用。

● 橡皮擦工具：擦除对象的多余部分。

4．缩放工具组

● 缩放工具：放大或缩小屏幕显示比例。

● 平移工具：用于平移对象在窗口中的位置，方向键可代替平移工具。

5．曲线工具组

● 手绘工具：用于绘制直线或曲线。

● 2点线工具：用于绘制2点直线。

● 贝赛尔工具：用于绘制贝赛尔曲线。

● 钢笔工具：使用"钢笔"工具可以勾画出复杂的图形，包括多边形、三角形、四边形和任意形状的图形等。

● B样条工具：通过"B样条工具"绘制曲线，不需要分成若干线段来绘制。

● 折线工具：能一步绘制连续的曲线和直线。

● 3点曲线工具：使用此工具可以通过3点绘制一条曲线，即先绘制曲线的两个端点，再绘制第三个端点，以确定曲线的弯曲度。

● 智能绘图工具：使用此工具绘制的图形，系统可对其进行识别和平滑，用于将手绘笔触转换为基本形状或平滑曲线。

6．艺术笔工具

● 艺术笔工具：包含预设、笔刷、喷罐、书法、压力等笔触效果。

7．矩形工具组

● 矩形工具：用于绘制矩形或圆角矩形。

● 3点矩形工具：使用此工具可以通过3点绘制平行四边形或菱形。

8．椭圆工具组

● 椭圆工具：用于绘制椭圆、圆、圆弧或饼形。

● 3点椭圆工具：此工具是根据轴的两点和椭圆上的一点来绘制椭圆的，即先确定轴所在的两个点，再确定椭圆上的一个点，这条轴的长短根据椭圆上的点来确定。

9．多边形工具组

● 多边形工具：用于绘制多边形。

● 星形工具：用于绘制星形。

● 复杂星形工具：用于绘制复杂星形。

- 图纸工具：用于绘制网格纸图形。
- 螺旋工具：用于绘制螺旋形状。
- 基本形状工具：可以绘制各种预设造型，例如心形、笑脸、圆柱等。
- 箭头形状工具：可以绘制各种箭头形状。
- 流程图形状工具：用于绘制流程图。
- 标题形状工具：用于绘制各种标题造型。
- 标注形状工具：用于绘制各种注解说明造型。

10. 文本工具组

- 文本工具：用于创建美术文字和段落文本。
- 表格工具：用于创建表格。

11. 平衡度量工具组

- 平衡度量工具：用于方便快捷地测量出对象的水平、垂直距离及倾斜角度。
- 水平或垂直度量工具：用于绘制水平或垂直方向的尺寸标注。
- 角度量工具：用于绘制精确的角度尺寸标注。
- 线段度量工具：用于绘制倾斜的角度尺寸标注。
- 3点标注工具：用于绘制任意角度尺寸标注。

12. 直线连接器工具组

- 直线连接器：通过直线连接两个对象。
- 直角连接器：通过直角连接两个对象。
- 圆角连接符：通过圆角连接两个对象。
- 编辑锚点：使用该工具可以为图形添加、移动和删除锚点。

13. 阴影工具组

- 阴影工具：使对象从不同的角度产生阴影效果。

- 轮廓图工具：使对象产生轮廓线效果。
- 调和工具：使两个对象产生渐进式的变化。
- 变形工具：可制作推拉、拉链及扭曲等效果。
- 封套工具：通过设置节点来制作对象的变形效果。
- 立体化工具：使平面对象产生立体效果。

14. 透明度工具组

- 透明度工具：可以为选中对象设置透明效果。

15. 颜色滴管工具组

- 颜色滴管工具：利用该工具可以快速地将指定对象的颜色填充到另一个对象中。
- 属性滴管工具：使用该工具不仅可以"复制"对象的填充、轮廓颜色等信息,还能够"复制"对象的渐变效果等属性。

16. 交互式填充工具组

- 交互式填充工具：通过拖动鼠标进行各种填色。
- 网状填充工具：单击此按钮，对象上将出现控制点，通过调整控制点的位置，可制作出各种不同的色彩效果。

17. 智能填充工具组

- 智能填充工具：智能填充工具仅填充对象,它检测到区域的边缘并创建一个闭合路径,因此可以填充区域。

1.4.6 认识绘图区

绘图页面就是软件工作界面中的矩形区域，只有绘图页面内的内容才能被打印出来，绘图页面的大小可以根据用户的需要来设定。

用户可以将绘图页面之外的区域看作一张桌面，而绘图页面是桌子上的一张纸，可以在桌面的任意位置绘制图形，但如果要打印，则要将它们移到桌面上去，如图1-30所示。

图1-30 绘图页面

1.4.7 认识调色板

调色板中存放了各种常用的色彩，若需要为对象填充颜色，可在选中图形后，直接单击调色板中的颜色。

单击调色板底部的 ▼ 按钮，可以显示被遮住的颜色；单击 ◀ 按钮，可以显示调色板中的所有颜色。

此外，用户还可以通过拖动的方式来填充对象，将调色板中的颜色拖到要填充的对象上，释放鼠标即可。

用户也可以将调色板放到窗口中的其他位置。方法：在调色板的顶部边缘按住鼠标左键拖动，拖到其他位置，拖出来的调色板如图1-31所示。当需要恢复到原来的位置时，双击调色板标题栏即可。

图1-31 将调色板拖到绘图区

1.4.8 认识状态栏

状态栏为用户提供了有关当前操作的各种提示信息，如对象的节点数、填充色属性及对象所在的图层等。

1.5 专家支招

运行计算机软件，离不开计算机硬件及操作系统的支持。在安装CorelDARW X7的过程中，如果遇到软件安装错误，应检查本计算机的系统是否为软件安装的类型以保障它的正常运行，如图1-32所示。

系统	
分级：	系统分级不可用
处理器：	Intel(R) Celeron(R) CPU G1840 @ 2.80GHz　2.80 GHz
安装内存(RAM)：	4.00 GB (3.70 GB 可用)
系统类型：	64 位操作系统
笔和触摸：	笔输入可用

图1-32 计算机系统信息

1.6 总结扩展

通过学习本章内容，读者熟悉了CorelDRAW X7的安装与启动，并对CorelDRAW X7的工作界面有了细致的了解，使读者在今后使用该软件的过程中可以更流利地操作，并且更深入地了解和掌握CorelDRAW X7。

1.6.1 本章小结

通过本章的学习，读者对于CorelDRAW X7的基础知识，如CorelDRAW X7的工作界面、图形图像的基础知识，以及CorelDRAW X7的安装、启动与退出等内容应该已经有了一定的了解，为以后的图像制作奠定了良好的基础。

 1.6.2 举一反三——在安装文件目录启动CorelDRAW X7

学习了启动CorelDRAW X7的方法以后，在CorelDRAW X7的安装文件目录中，也可以成功启动CorelDARW X7。

> **应用案例 举一反三——在安装文件目录启动CorelDRAW X7**
> 素材：无　效果文件：无　视频：光盘\视频\第1章\1.6.2 在安装目录启动CorelDARW X7.mp4

STEP 01 在计算机中找到安装文件夹，选择CorelDRAW X7.exe文件，单击鼠标右键，在弹出的快捷菜单中选择"打开"命令，如图1-33所示。

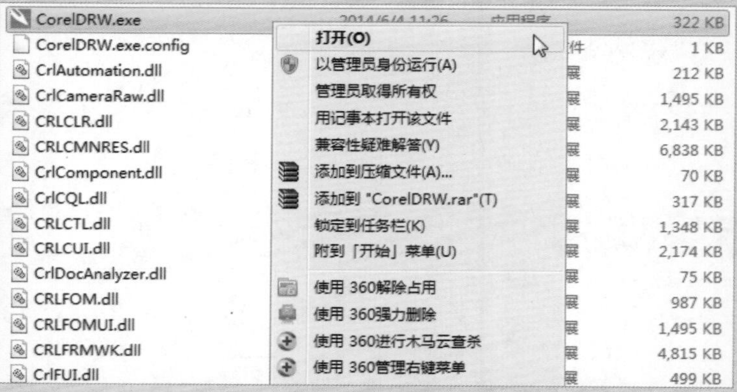

图1-33　打开安装文件

STEP 02 执行上述操作后，稍等片刻即可成功启动CorelDRAW X7，进入启动页面，如图1-34所示。

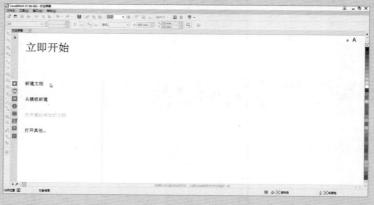

图1-34　进入启动页面

第2章　基础操作：掌握图形文件的基本操作

本章主要介绍如何创建文件、管理文件及版面的基本设置。在CorelDRAW X7中，文件的基本操作包括新建文件、保存文件、关闭文件、导入和导出文件，以及版面显示、辅助工具的设置和标注图形等。

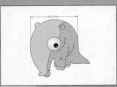

[2.1] 文件的基本操作

启动CorelDRAW X7应用程序以后，用户必须掌握如何操作和管理绘图文件，文件的基本操作包括新建、打开、保存、关闭、导入和导出等。

2.1.1　新建文件的4种方法

在CorelDRAW X7中，新建文件有4种方法。

● 菜单命令：选择"文件"|"新建"命令，如图2-1所示，执行操作后，即可新建一个空白的图形文件，如图2-2所示。

图2-1　选择"新建"命令

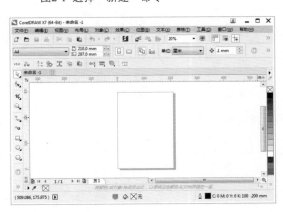

图2-2　新建空白文件

● 快捷键：Ctrl + N。

● 属性按钮：在标准工具栏中单击"新建"按钮 □。

● 模板新建：在CorelDRAW X7中附带了多个设计样本，用户可以使用这些设计样本作为绘图基础进行设计。选择"文件"|"从模板新建"命令，弹出"从模板新建"对话框，如图2-3所示。

在该对话框中提供了许多实用的模板图形文件，如"小册子""名片""商业信笺""目录"等，用户可以根据需要进行选择，也可以单击"浏览"按钮，载入其他模板文件。

图2-3 "从模板新建"对话框

 专家指点

在选择模板时，也要选中"包括图形"复选框，这样才能将模板中的属性设置和图形同时加载到新的文件中，否则只是加载模板的属性设置。

2.1.2 打开文件的5种方法

在CorelDRAW X7中，打开文件有5种方法。

● 菜单命令：选择"文件"|"打开"命令，如图2-4所示。

图2-4 选择"打开"命令

● 快捷键：Ctrl + O。

● 属性栏按钮：在标准工具栏中单击"打开"按钮 □，如图2-5所示。

运用以上3种方法，都可以弹出"打开图形"对话框，选择相应的文件，然后单击"打

开"按钮，即可打开文件。

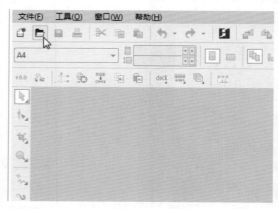

图2-5 单击"打开"按钮

● 双击文件：在计算机中找到所保存的文件路径，双击文件也可打开该文件。

● 快捷菜单：在计算机中找到所保存的文件路径，单击鼠标右键，在弹出的快捷菜单中选择"打开"或"打开方式"命令即可。

2.1.3 保存文件的5种方法

在CorelDRAW X7中，用户可以用不同的方式和不同的文件格式来保存图形文件。

保存文件主要有5种方法。

● 菜单命令：选择"文件"|"保存"命令，弹出"保存绘图"对话框，如图2-6所示，指定保存文件的路径，然后在"文件名"组合框中更改文件名，接着在"保存类型"下拉列表中选择保存文件的格式，如图2-7所示，最后单击"保存"按钮，即可保存文件。

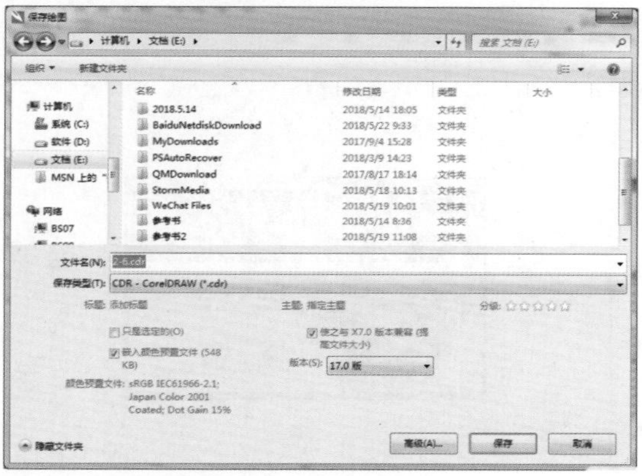

图2-6 "保存绘图"对话框

● 快捷键：Ctrl + S。

● 另存为命令：若当前文件以一种文件格式保存过，还可以将该文件以另一种格式或者另一个文件名"另存"。选择"文件"|"另存为"命令，弹出"保存绘图"对话框，在该对话框中完成设置，单击"保存"按钮即可另存当前图形文件。

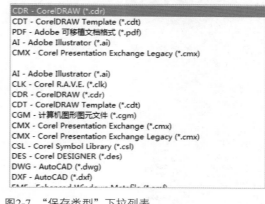

图2-7 "保存类型"下拉列表

● 另存为快捷键：Ctrl + Shift + S。

● 属性按钮：在标准工具栏中单击"保存"按钮 ■ 。

运用以上5种方法，都可以弹出"保存绘图"对话框，在该对话框中完成设置，单击"保存"按钮，即可保存当前图形文件。

2.1.4 导入和导出文件

CorelDRAW X7具有良好的兼容性，它可以将其他格式的文件导入到工作区中，也可以将制作好的文件导出为其他格式的文件，以供其他软件使用。CDR、AI、GIF、BMP、JPGE、PSD、TIFF等文件格式都是在CorelDRAW中使用得比较多的，大多数格式都受Windows和Macintosh平台的支持。

1．导入文件的4种方法

通过"导入"命令，可以将由其他应用软件生成的文件导入到CorelDRAW X7中，一般可以导入到CorelDRAW X7中的图像格式有JPEG、TIFF等。

导入文件有4种方法。

● 菜单命令：选择"文件"|"导入"命令。

● 快捷键：Ctrl + I。

● 属性按钮：单击标准工具栏中的"导入"按钮 ❏ 。

● 快捷菜单：在绘图页面中单击鼠标右键，在弹出的快捷菜单中，选择"导入"命令。

运用以上4种导入方法，都可以弹出"导入"对话框，在该对话框中，选择相应的文件，单击"导入"按钮即可导入文件。

应用案例

导入图形文件

素材：光盘\素材\第2章\优惠券.jpg　效果文件：光盘\效果\第2章\优惠券.cdr
视频：光盘\视频\第2章\2.1.5 导入图形文件.mp4

STEP 01 选择"文件"|"导入"命令，或者按【Ctrl+I】组合键，弹出"导入"对话框，如图2-8所示。

STEP 02 选中素材，单击"导入"按钮，鼠标指针呈 ⌐ 形状时，在绘图页面中的合适位置单击，确定需要导入图像的起始位置，然后向另一侧拖动鼠标，图像文件即被导入到新建的图形文件中，如图2-9所示。

图2-8 "导入"对话框

图2-9 导入图像

2．导出文件的3种方法

通过"导出"命令，用户可以将图像导出或者保存为不同的文件格式，以供其他应用程序使用，一般可以导出的图像格式有JPEG、TIFF等。

导出文件有3种方法。

● 菜单命令：选择"文件"|"导出"命令。

● 快捷键：Ctrl+E。

● 属性按钮：单击标准工具栏中的"导出"按钮 ⬚。

运用以上3种方法，都可以弹出"导出"对话框，在该对话框中，设置文件的保存位置及文件名，单击"导出"按钮即可导出文件。

应用案例

青春靓丽

素材：光盘\素材\第2章\女生.cdr　效果文件：光盘\效果\第2章\女生.jpg
视频：光盘\视频\第2章\2.1.5导出文件.mp4

STEP 01 选择"文件"|"导出"命令，或者按【Ctrl+E】组合键，弹出"导出"对话框，如图2-10所示，在其中设置文件的保存位置与文件名，在"保存类型"下拉列表中选择需要的文件格式。

STEP 02 单击"导出"按钮，弹出"导出到JPEG"对话框，设置各项参数，如图2-11所示。

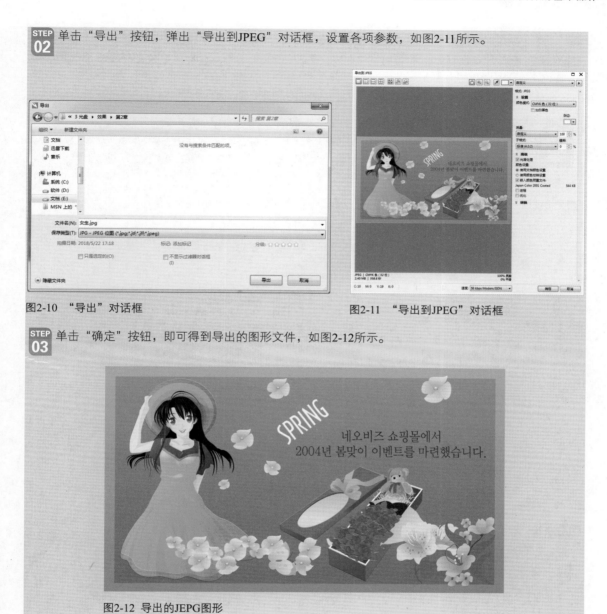

图2-10 "导出"对话框　　　　　　　　　　　图2-11 "导出到JPEG"对话框

STEP 03 单击"确定"按钮，即可得到导出的图形文件，如图2-12所示。

图2-12 导出的JEPG图形

2.1.5 备份与恢复文件

在CorelDRAW X7中，可以设置自动备份文件，还可以在系统发生错误重新启动程序时，恢复备份文件，下面将分别对其进行讲解。

1．自动备份文件的3个方面

在默认情况下，在CorelDRAW X7中，自动备份功能体现在以下3个方面：

● 当用户保存文件时，CorelDRAW X7会自动将文件备份。

● 当用户使用CorelDRAW X7进行绘图时，每隔20分钟系统会自动对当前文件进行备份。

● 如果该文件没有被保存过，则备份文件会被保存在临时文件夹中；如果该文件被保存过，备份所存储的位置就是保存文件所在的文件夹。

如果设置每隔5分钟软件自动备份一次，其具体操作步骤如下：

应用案例

设置自动保存文件的时间间隔

素材：无　效果文件：无　视频：光盘\视频\第2章\2.1.6 设置自动保存文件的时间间隔.mp4

STEP 01 选择"工具"|"选项"命令，或者按【Ctrl＋J】组合键，弹出"选项"对话框，在对话框左侧展开"工作区"选项，选择"保存"选项，切换至"保存"选项设置界面，如图2-13所示。

STEP 02 在"自动备份"选项区域，选中"自动备份间隔"复选框，并单击其右侧的下拉按钮，在弹出的下拉列表中选择"5"，如图2-14所示。

图2-13　"选项"对话框

图2-14　设置自动备份时间间隔为5分钟

STEP 03 选中"特定文件夹"单选按钮，然后单击"浏览"按钮，将弹出"浏览文件夹"对话框，如图2-15所示。

STEP 04 选择文件的备份路径，单击"确定"按钮，即可完成文件的自动备份功能设置。

这样，在使用CorelDRAW X7时，系统每隔5分钟就会自动备份一次，并且备份文件所在的路径为用户设置的路径。

专家指点

CorelDRAW X7自动备份文件名比用户保存文件名要多几个字符，即"Backup_of_"。例如，保存文件时所用的文件名是"插画"，自动备份的文件名就是"Backup_of_插画"。

图2-15　"浏览文件夹"对话框

2．恢复备份文件

在使用CorelDRAW X7进行绘图时，如果程序非正常关闭，例如突然断电或计算机出现故障等，这时一般都来不及保存文件，这样就会给用户造成困扰。不过，遇到这种情况也没关系，因为CorelDRAW具有自动恢复功能。当重新启动CorelDRAW X7时，用户可以从临时或指定的文件夹中恢复备份的文件。

【2.2 版面的基本设置】

在CorelDRAW X7中，版面风格决定了文件打印的方式。用户可以根据设计的不同需要，对新建的图形文件页面的大小、标签、背景、页面顺序及页数进行重新设置。

 2.2.1 **设置页面大小**

在CorelDRAW X7中，使用"页面尺寸"菜单命令，可以对文档页面的大小、版面进行设置。首先，选择"工具"|"选项"命令，弹出"选项"对话框，选择"文档"|"页面尺寸"选项，如图2-16所示。

在该对话框中，用户可以选中"纵向"或者"横向"单选按钮，将页面设置为纵向或者横向，可以在"大小"下拉列表中选择需要的页面尺寸，也可以在"宽度"和"高度"微调框中自定义页面尺寸，设置完成后，单击"确定"按钮即可。

图2-16 "选项"对话框

 专家指点

用户也可以在其属性栏中快速设定页面的大小，方法是：在"纸张类型/大小"下拉列表中选择纸张的大小和类型，在"宽度"及"高度"增量框中自定义页面的尺寸大小，单击"纵向"按钮 ▣ 或"横向"按钮 ▢ ，可以快速切换页面为纵向或横向，其属性栏如图2-17所示。

图2-17 页面属性栏参数设置

 2.2.2 **设置页面标签**

若用户需要使用CorelDRAW X7制作名片、工作牌等标签（这些标签可以在一个页面内打印），首先需要设置页面标签类型、标签与页面边界之间的间距等参数。

 应用案例 | **设置页面标签**
素材：无　效果文件：无　视频：光盘\视频\第2章\2.2.2 设置页面标签.mp4

STEP 01 选择"工具"|"选项"命令，弹出"选项"对话框，在对话框的左侧依次展开"文档"|"标签"选项，切换至"标签"选项设置界面，选中"标签"单选按钮，如图2-18所示。

STEP 02 在"标签"下方的列表框中选择一种标签类型，然后单击"自定义标签"按钮，弹出"自定义标签"对话框。

STEP 03 在"自定义标签"对话框中设置"行"和"列"的数值，即标签的行数和列数，在"标签尺寸"选项区域中设置标签的"宽度"和"高度"（如果选中"圆角"复选框，则可创建圆角标签），在

中文版CorelDRAW X7图形设计
完全自学一本通

"页边距"选项区域设置标签到页面的距离，如图2-19所示。

图2-18 "标签"选项设置界面　　　　图2-19 "自定义标签"对话框

STEP 04 设置完成后，单击"确定"按钮即可。

 ### 设置页面风格

在设计平面作品时，用户可以根据需要设置页面的风格，以方便操作。

应用案例

设置页面风格
素材：无　效果文件：无　视频：光盘\视频\第2章\2.2.3 设置页面风格.mp4

STEP 01 选择"工具"|"选项"命令，弹出"选项"对话框，在该对话框左侧的列表框中依次展开"文档"|"布局"选项，可以设置版面布局的相关参数，如图2-20所示。

STEP 02 在"布局"下拉列表中选择一种布局样式，若选中预览窗口下方的"对开页"复选框，则可在多个页面中显示对开页。

STEP 03 在"起始于"下拉列表中可以选择文档的开始方向是从右边开始还是从左边开始，如图2-21所示。

图2-20 "选项"对话框　　　　图2-21 设置文档的开始方向

26

STEP 04 在CorelDRAW X7中，提供的预设版面共有7种风格，如图2-22所示。

图2-22 版面的设计风格

【2.3 版面显示的操作】

在CorelDRAW X7中，为了使最终的图形效果更好，在编辑过程中需要查看当前的效果。用户可以根据需要设置文档的显示模式、预览文档、缩放和平移画面。如果同时打开多个图形文档，还可以调整各文档窗口的排列方式。

2.3.1 6种视图显示方式

为了满足用户的需求，CorelDRAW X7提供了简单线框、线框、草稿、普通、增强、像素6种显示模式。视图模式不同，显示的画面内容和品质也会有所不同。

1．"简单线框"模式

选择"视图"|"简单线框"命令，即可将图形文件的显示模式改为"简单线框"模式。在该显示模式下，所有矢量图形只显示其外框，其色彩为所在图层的颜色；所有变形对象（渐变、填充、轮廓图、立体化设置和中间调和形状）只显示其原始图形的外框；位图全部显示为灰度图，如图2-34所示。

2．"线框"模式

选择"视图"|"线框"命令，即可将图形文件的显示模式改为"线框"模式。在该显示模式下，显示结果与"简单线框"模式类似，只是对所有的变形对象（渐变、填充、轮廓图、立体化设置和中间调和形状）显示所有中间生成图形的轮廓，如图2-23所示。

3．"草稿"模式

选择"视图"|"草稿"命令，即可将图形文件的显示模式改为"草稿"模式。在该视图模式下，所有页面中的图形均为分辨率显示。其中花纹填色、材质填充色及PostScript图案填充色等显示为一种基本的图案。此时，位图会以低分辨率显示，滤镜效果以普通色块显示，渐变填色则是以单色显示，如图2-24所示。

<table>
<tr><td>图2-23 "简单线框"视图模式</td><td>图2-24 "线框"视图模式</td></tr>
</table>

4．"普通"模式

选择"视图"|"普通"命令，即可将图形文件的显示模式改为"普通"模式。在该显示模式下，页面中的所有图形均能正常显示，但位图将以高分辨率显示，如图2-37所示。

<table>
<tr><td>图2-25 "草稿"视图模式</td><td>图2-26 "普通"视图模式</td></tr>
</table>

5．"增强"模式

选择"视图"|"增强"命令，即可将图形文件的显示模式改为"增强"模式。该模式可以显示最好的视图质量，如图2-27所示，只有在该种视图质量下才可以显示PostScript填充。

6．"像素"模式

选择"视图"|"像素"命令，即可将图形文件的显示模式改为"像素"模式，如图2-28所示。该模式模拟目标被设置成套印的效果，供用户预览，使用户可以及时预览设计作品的输出效果。

<table>
<tr><td>图2-27 "增强"视图模式</td><td>图2-28 "像素"视图模式</td></tr>
</table>

2.3.2 5种预览显示方式

在CorelDRAW X7中，用户可以使用全屏方式对图像进行预览，也可以对选定区域中的对象进行预览，还可以进行分页预览。

1．全屏显示页面

选择"布局"|"全屏预览"命令或者按【F9】键，即可隐藏绘图页面四周的工具栏、菜单栏及所有的窗口，全屏显示图像，在键盘上按任意键或单击鼠标可取消全屏视图。

2．只预览选定的对象

在绘图过程中，用户经常会有只预览选定对象的需要。

选择"文件"|"打开"命令，打开一个CorelDRAW矢量文件，如图2-29所示，选择文件中的一个图形对象，然后选择"布局"|"只预览选定的对象"命令，即可对所选的对象进行全屏预览，如图2-30所示。

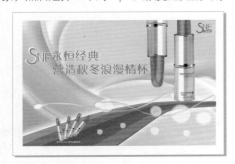

图2-29 打开的图形

图2-30 只预览选定的对象

3．页面分类视图

打开一个包含多个页面的CorelDRAW文件，然后选择"视图"|"页面分类视图"命令，即可对文件中的页面进行预览，在文档窗口中将多个页面中的内容有序地排列并显示出来，如图2-31所示。

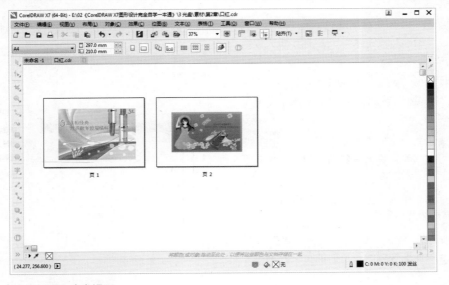

图2-31 页面分类视图

4．利用缩放工具组中的工具显示对象的9种方法

在CorelDRAW X7中，运用缩放工具组中的工具，可以设置图形的显示范围，使用户在绘图过程中能根据需要调整视图的显示比例，方便用户进行操作。

● 鼠标单击：选取工具箱中的"缩放工具" Q，将鼠标指针移至绘图页面中，鼠标指针呈 Q 形状时，单击鼠标左键即可以单击位置为中心放大画面。

● 键盘＋鼠标单击：若按住【Shift】键同时单击鼠标左键，或者单击鼠标右键，将会以单击位置为中心缩小画面。

● 鼠标框选：若使用"缩放工具" Q 在绘图页面中的合适位置单击并拖动鼠标，出现一个蓝色矩形虚线框，释放鼠标，则会放大显示圈选的区域，如图2-32所示。

图2-32 放大局部显示

● 属性按钮1：使用工具属性栏中的"放大"按钮 Q 或"缩小"按钮 Q，可以逐步放大或缩小显示当前页面。

● 属性按钮2：单击"缩放选定对象"按钮 Q，可以将已选定的对象放大或缩小至整个绘图窗口。

● 属性按钮3：单击"缩放全部对象"按钮 Q，可以将当前页面中的所有对象放大或缩小至整个绘图窗口。

● 属性按钮4：单击"显示页面"按钮 Q，可以调整缩放级别以适合整个页面。

● 属性按钮5：单击"缩放到页面宽度"按钮 Q，可以使图像以绘图页面的宽度充满绘图窗口。

● 属性按钮6：单击"缩放到页面高度"按钮 Q，使图像以绘图页面的高度充满绘图窗口。

5．利用视图管理器显示页面

选择"视图"|"视图管理器"命令，或者按【Ctrl＋F2】组合键，弹出"视图管理器"对话框，如图2-33所示。

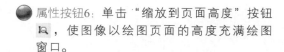
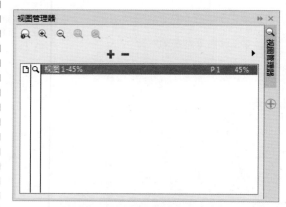

图2-33 "视图管理器"对话框

在"视图管理器"对话框上方有一排控制按钮，从左至右依次是"一次缩放""放大""缩小""缩放到选定对象""缩放到全部对象""添加当前视图""删除当前视图"和"查看弹出式菜单"按钮。

单击"添加当前视图"按钮，可以将当前的视图保存并添加到"视图管理器"对话框中；单击"删除当前视图"按钮，可以将当前的视图从"视图管理器"对话框中删除；单击"查看弹出式菜单"按钮，可以弹出下拉菜单，如图2-34所示。

图2-34 "视图管理器"弹出菜单

2.3.3 6种窗口操作方式

文档窗口是用来管理和控制图形显示的，日常使用非常频繁，下面介绍常用的6种方式。

1．调整窗口大小

单击菜单栏右侧的"还原"按钮 ⟰，可以将文档窗口还原为默认的大小。将鼠标指针放置到文档窗口的边框线上，当鼠标指针呈 ↕ ↔ ⤢ ⤡ 4种形状时，按住鼠标左键不放拖动窗口即可改变窗口的大小，单击标题栏的"最大化"按钮 ▬ 和"还原"按钮 ⟰，即可将文档窗口最小化或者最大化显示。

2．移动窗口位置

将鼠标指针移动到文档窗口的标题栏上，然后按下鼠标左键拖动，将文档窗口移至合适位置后释放鼠标，即可改变文档窗口所在的位置。

3．调整窗口中显示的对象

CorelDRAW X7中有一种在不改变视图比例的情况下改变视点的工具，即"手形工具" ✋。在工具箱的缩放工具组中选取"手形工具"，在文档窗口中按下鼠标左键拖动可以改变页面的视点位置，如图2-35所示。

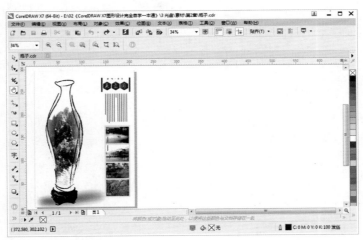

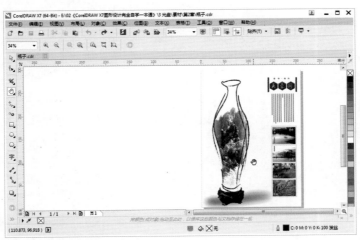

图2-35 运用"手形工具"移动图像

专家指点

选取工具箱中的"手形工具"，在绘图页面中双击，则以100%的比例放大图像；单击鼠标右键，则以100%的比例缩小图像。

4．建立新窗口

选择"窗口"|"新建窗口"命令，可以新建一个和当前文件相同的窗口，如图2-36所示，以方便观察和操作。在新图形中操作会直接影响原图的状态，不过在关闭新图形时不会将原图形文档一起关闭。

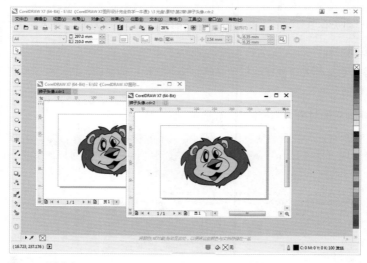

图2-36 新建窗口

5．排列文档窗口

在使用CorelDRAW X7进行图形绘制或者处理的时候，如果想要同时观察多个文档，就需要同时打开多个窗口，这时就需要合理地排列文档窗口以方便操作。

选择"窗口"|"层叠"命令，显示相互堆叠的窗口，这些窗口会从屏幕的左上方叠到屏幕的右下方，如图2-37所示。

图2-37 层叠窗口

选择"窗口"|"水平平铺"命令，可以以水平平铺的方式显示多个图像窗口，如图2-38所示。

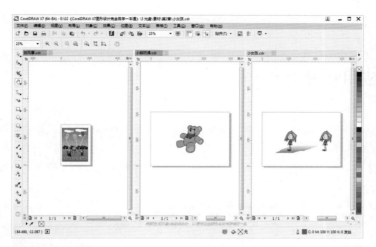

图2-38 水平平铺窗口

选择"窗口"|"垂直平铺"命令，可以以垂直平铺的方式显示多个图像窗口，如图2-39所示。

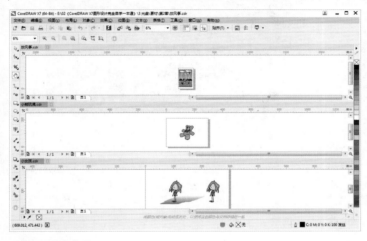

图2-39 垂直水平

6．切换文档窗口的3种方法

当用户打开不只一个图形文件时，可以使用以下3种方法来切换文档窗口。

● 鼠标单击：将鼠标指针移动到另外一个文档窗口的标题栏上单击，即可将其设置为当前工作窗口。

● 快捷键：按【Ctrl + Tab】组合键，即可切换到下一个文档窗口，按【Ctrl + Shift + Tab】组合键即可切换到上一个文档窗口。

● 菜单命令：打开"窗口"菜单，在该菜单的最下面一栏可以看到当前打开的所有图形文件清单（文件名称前有 ● 标记的为当前窗口），单击以文件名称命名的选项，即可将对应文件的文档窗口切换为当前窗口。

[2.4 应用图形辅助工具

在使用CorelDRAW绘制图形的过程中，用户可以设置标尺、网格、辅助线来精确地设计和绘制图形，并可以利用辅助线来对齐对象，而在打印的时候，标尺、网格、辅助线等是不显示的。

2.4.1 应用和设置标尺

选择"视图"｜"标尺"命令，可以显示和隐藏标尺。

标尺的坐标原点是可以由用户定义的，单击水平标尺和垂直标尺的相交位置，将其拖动到绘图窗口中的指定位置即可改变坐标原点。

按住【Shift】键不放，在两个标尺的相交处按下鼠标左键并拖动，拖至需要的位置时释放鼠标，即可改变标尺的坐标原点，如图2-40所示。

图2-40 改变标尺位置

按住【Shift】键不放，双击两个标尺的相交处，即可还原标尺位置。

在CorelDRAW X7中，还可以设置标尺的属性，如设置标尺的微调单位距离、计量单位及标尺原点位置等。

选择"工具"｜"选项"命令，弹出"选项"对话框，在该对话框的左侧依次展开"文档"｜"辅助线"｜"标尺"选项，显示"标尺"设置界面，如图2-41所示。

单击"微调"数值框的微调按钮，可以设置微调的距离；在"微调"选项区域可以设置标尺的单位；在"原始"选项区域可以分别设置水平标尺和垂直

图2-41 "标尺"设置界面

标尺的坐标原点；单击"编辑缩放比列"按钮，弹出"绘图比例"对话框，如图2-42所示，在对话框中可以设置绘图的典型比例、页面距离和实际距离之间的换算关系。

专家指点

在"标尺"设置界面，如果取消选中"再制距离、微调和标尺的单位相同"复选框，可以单击其上方的"单位"下拉按钮，在弹出的下拉列表中选择微调的计量单位，如"英尺""厘米"等。

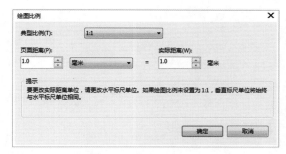

图2-42 "绘图比例"对话框

2.4.2 应用和设置网格

应用网格辅助绘图时，选择"视图"|"网格"|"文档网格"命令，可以显示和隐藏在整个绘图窗口中的网格，如图2-43所示。

要设置网格，可以选择"工具"|"选项"命令，弹出"选项"对话框，选择"网格"选项，或者在标尺上单击鼠标右键，选择"栅格设置"命令，在如图2-44所示的对话框中进行设置。

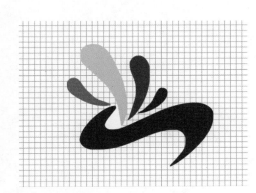

图2-43 显示网格

图2-44 "网格"设置界面

2.4.3 应用和设置辅助线

辅助线也叫导线，它是CorelDRAW X7绘图软件中最实用的辅助工具之一。在打印文件时辅助线不会被打印出来，但是在保存文档时，会随着绘制好的图形一起被保存。

通过在绘图页面中调节辅助线的水平、垂直和倾斜方向，可以协助"选择工具"对齐所绘制的对象。在当前工具为"选择工具"且没有选中任何对象的时候，单击其属性栏中的"对齐辅助线"按钮，还可以确保接近辅助线绘制的图形自动与辅助线对齐。

在水平标尺或者垂直标尺上按住鼠标左键向绘图页面拖动时，会出现一条虚线，拖至需要的位置后释放鼠标左键即可创建一条辅助线。

在当前工具为"选择工具"时，可以将鼠标指针放在辅助线上，当鼠标指针呈 ↕ 形状或者 ↔ 形状时，能上下或者左右拖动辅助线。辅助线被选中后将会变成红色，再次单击选中的辅助线可以对辅助线的中心点和倾斜角度进行调整。

选择"工具"|"选项"命令，弹出"选项"对话框，然后在左侧的列表框中选择"选项"|"辅助线"选项下的"水平""垂直""辅助线""预设"选项，如图2-45所示，可以在右侧的窗口中完成相关的设置。

图2-45 "辅助线"设置界面

2.4.4 设置贴齐对象效果

在CorelDRAW X7中增加了对象间的贴齐功能，不仅可以对齐相应的对象，还可以对齐对象上的特殊点和节点。选取工具箱中的"选择工具"，在没有选中任何对象的前提下，选择"工具"|"选项"命令，弹出"选项"对话框，接着选择"工作区"|"贴齐对象"选项，如图2-46所示，最后在对话框右侧选中"显示贴齐位置标记"复选框，单击"确定"按钮即可。

图2-46 "贴齐对象"设置界面

这样在绘制新图形的时候就会发现已经绘制图形对象中的位置标记，方便用户的对齐图形操作。

2.4.5 动态辅助线的设置

选取工具箱中的"选择工具"，在没有选中任何对象的前提下，在菜单栏中选择"视图"|"动态辅助线"命令，如图2-48所示，即可启用动态辅助线。

"动态辅助线"功能与"贴齐对象"功能相似，但更加精确。除了可以在绘制和编辑图形时进行多种形式的对齐，可以捕捉对齐到点、节点间的区域、对象中心和对象边界框等，还可以将每一个对齐点的尺寸、距离设置得很精确。

图2-47 选择"动态辅助线"命令

2.5 标注图形的方法

在CorelDRAW X7中，可以为绘制的图形标注尺寸。使用平行度量工具可以完成对图形长度、宽度、角度等的测量，还可以显示对象之间的距离等。

在CorelDRAW X7中，提供了4种平行度量工具，即平行度量 ✏、水平或垂直度量 ⊤、角度量 ⤵ 和线段度量 ⊥。单击工具箱的"平行度量"工具 ✏ 下方的小三角形，即可将平行度量工具组展开，如图2-48所示。

图2-48 平行度量工具组

2.5.1 应用水平标注

用户在绘图过程中，经常需要对所绘制图形的长度进行测量与标注，以便于操作。下面介绍应用"平行度量"工具标注图形尺寸的操作步骤。

应用案例

应用平行标注

素材：无　效果文件：无　视频：光盘\视频\第2章\2.5.1 应用平行标注.mp4

STEP 01 展开工具箱中的平行度量工具组，选择"平行度量"工具 ✏，如图2-49所示。

STEP 02 ❶在要标注的图形上单击确定水平标注的起点，❷再单击确定标注的终点，如图2-50所示。

STEP 03 移动鼠标确定标注文本旋转的位置，单击鼠标左键即可进行标注，如图2-51所示。

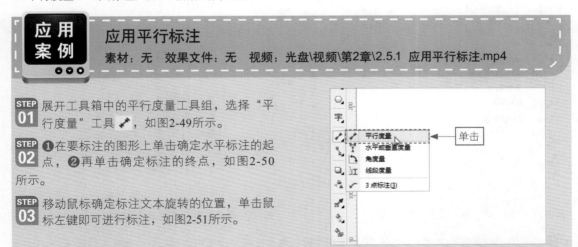

图2-49 选择"平行度量"工具

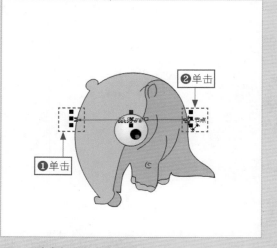

图2-50 确定标注的起点和终点

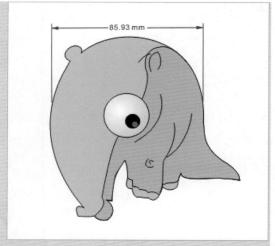

图2-51 平行度量标注

2.5.2 应用垂直标注

垂直标注的方法和水平标注的方法类似，下面进行具体的操作介绍。

应用案例 应用垂直标注

素材：光盘\素材\第2章\黄色小象.cdr　效果文件：光盘\效果\第2章\黄色小象.cdr
视频：光盘\视频\第2章\2.5.2 应用垂直标注.mp4

STEP 01 在上一例的基础上，展开工具箱中的平行度量工具组，选择"水平或垂直度量"工具 ，如图 2-52所示。

STEP 02 ❶在要标注的图形对象上单击确定垂直标注的起点，❷再单击确定垂直标注的终点，如图2-53所示。

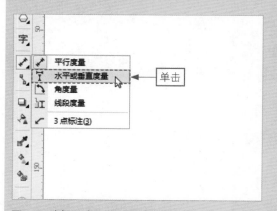

图2-52 选择"水平或垂直度量"工具

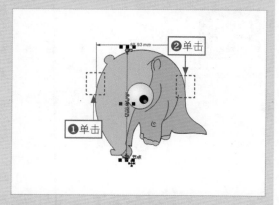

图2-53 确定垂直标注的起点和终点

STEP 03 向左方向移动鼠标，确定垂直标注文本的位置，单击鼠标左键即可进行标注，如图2-54所示。

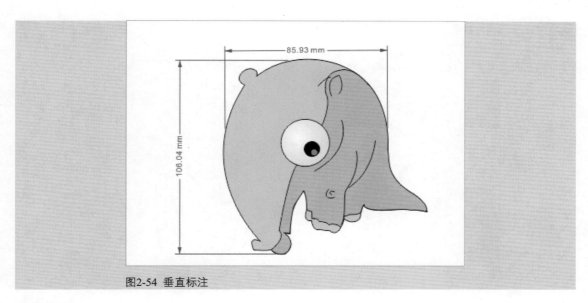

图2-54 垂直标注

2.5.3 应用角度标注

应用"角度量"工具，可以给图形对象进行角度标注，下面介绍具体的操作步骤。

 粉红小猪
素材：光盘\素材\第2章\粉红小猪.cdr 效果文件：光盘\效果\第2章\粉红小猪.cdr
视频：光盘\视频\第2章\2.5.3 应用角度标注.mp4

STEP 01 在上一例的基础上，展开工具箱中的平行度量工具组，选择"角度量"工具 ，如图2-55所示。

STEP 02 ①在要标注的图形对象上单击要标注的角的顶点，②然后单击要标注的角的一条边上的点，③再单击要标注的另一条边上的点，如图2-56所示。

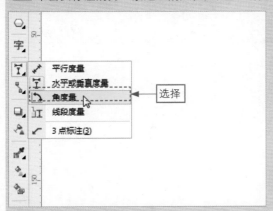

图2-55 选择"角度量"工具

图2-56 单击图形对象上的3个标注点

STEP 03 移动鼠标确定角度标注文本的位置，单击鼠标左键即可进行标注，标注效果如图2-57所示。

图2-57 应用角度标注

[2.6 专家支招]

单击属性栏中的说明标注工具，可以为对象添加标注说明，还可以对标注的文本进行编辑，如设置文本的字体、字号、颜色等属性。

在工具栏上单击"3点标注"工具 按钮，在要标注文本的对象上单击确定标记线引出的位置，该位置是对象上的一个对齐点，向合适的位置移动鼠标，绘制第1段标记线，在第1段标记线的结束位置单击，并向另一侧移动鼠标，绘制第2段标记线，在第2段标记线结束点放置说明文字，单击鼠标出现说明文字，效果如图2-58所示。

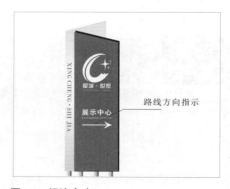

图2-58 标注文本

[2.7 总结扩展]

任何优秀的设计都是从基本图形开始的，CorelDRAW X7提供了一套优秀、实用的图形绘制工具，可以帮助用户尽快掌握图形文件的基本操作。

2.7.1 本章小结

通过学习本章内容，用户可以掌握文件的基本操作、导入和导出文件、设置页面大小、设置页面风格、版面显示的操作、设置贴齐对象效果、设置动态辅助线、应用水平标注、应用垂直标注及应用角度标注等的方法，可以帮助用户熟练掌握绘制图形的基本操作方法。

2.7.2 举一反三——修改标注文本内容

若标注是动态的，想改变动态标注的内容是十分简单的，下面介绍修改标注文本内容的具体操作步骤。

应用案例 举一反三——修改标注文本内容
素材：光盘\素材\第2章\展示旗帜.cdr　效果文件：光盘\效果\第2章\展示旗帜.cdr
视频：光盘\视频\第2章\2.6.2 举一反三——修改标注文本内容.mp4

STEP 01 选取工具箱中的"选择工具"，在图形文件中选中需要修改的标注文本，效果如图2-59所示。

STEP 02 然后选取工具箱中的文本工具，按下【Ctrl＋Shift＋T】组合键，弹出"编辑文本"对话框，如图2-60所示。

图2-59 选中要修改的标注文本

图2-60 "编辑文本"对话框

STEP 03 在"编辑文本"对话框中可以修改标注文本的内容，如图2-61所示。

STEP 04 选中需要修改的文本内容，然后设置"字体"为"文鼎中特广告体"，效果如图2-62所示。

图2-61 修改标注文本内容

图2-62 设置字体

STEP 05 然后设置文本的字体大小为48pt，如图2-63所示。

STEP 06 设置完成后，单击"确定"按钮即可查看效果，如图2-64所示。

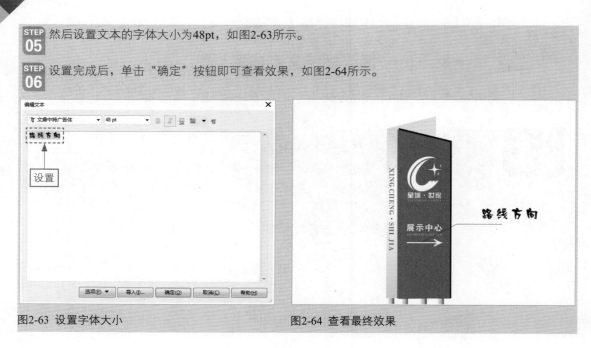

图2-63 设置字体大小

图2-64 查看最终效果

读书
笔记

第3章 绘图工具：绘制基本矢量图形对象

创建与编辑图形是中文版CorelDRAW X7的看家本领，它提供了矩形工具组、椭圆工具组、多边形工具组、基本形状及智能工具组等系列工具，这些工具被广泛应用于广告设计、包装设计、图案设计及各种图形绘制中。

[3.1] 几何图形工具

CorelDRAW X7是一个绘图功能很强的应用软件，使用矩形工具组、椭圆工具组、多边形工具组、基本形状及智能工具组，可以很容易地绘制一些基本形状，如矩形、椭圆、多边形和螺纹等。

3.1.1 "矩形工具"和"3点矩形工具"

使用"矩形工具"可以方便地绘制规则图形，下面介绍绘制矩形的两种工具。

1. 矩形工具

- 选取工具箱中的"矩形工具"，或者按【F6】键，在绘图页面中的合适位置单击，并拖动鼠标，绘制一个矩形框，释放鼠标即可得到一个矩形。如图3-1所示为运用"矩形工具"绘制矩形并填充颜色后的效果。

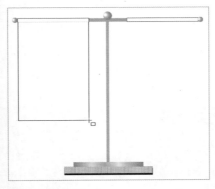

图3-1 绘制矩形

- 在绘制过程中，按住【Ctrl】键，绘制的图形是正方形，如图3-2所示；若按住【Shift】键，绘制的图形则是以起始点为中心的矩形；若按住【Ctrl+Shift】组合键，绘制的图形则是以起始点为中心的正方形。

 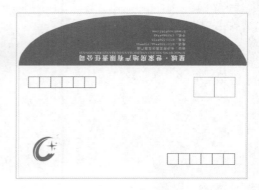

图3-2 绘制正方形

🔘 使用"矩形工具"还可以绘制圆角矩形，选取工具箱中的"矩形工具"，在其属性栏中的"矩形的边角圆滑度"微调框中，设置其边角圆滑度，即可绘制出圆角矩形。如图3-3所示为运用"矩形工具"绘制的圆角矩形。

图3-3 绘制圆角矩形

🔘 选取工具箱中的"矩形工具"，选中需要设置边角圆滑度的矩形，单击微调框后方的"锁定"按钮，解除锁定状态，并在微调框中设置相应的数值，设置图形的圆角度。如图3-4所示为设置不同圆滑度的圆角矩形。

图3-4 绘制不同圆滑度的圆角矩形

2．3点矩形工具

 专家指点

在使用"3点矩形工具"绘制矩形的过程中，按住【Ctrl】键，拖动创建的基线，就能以15°为增量来限定基线的角度。

使用"3点矩形工具"可以绘制任意角度的矩形，并可以通过指定的高度和宽度来绘制矩形。

● 选取工具箱中的"3点矩形工具"，在绘图页面中的合适位置按下鼠标左键并同时向某一方向拖动一段距离，会出现一条直线，这条直线将作为矩形的基线。

● 释放鼠标左健，移动鼠标，基线的长度和方向都不会改变，同时出现一个以鼠标指针为一个顶点，并且一条边在基线上的矩形，即这个矩形的一条边在基线上，以基线的长为宽度，单击鼠标的位置到中心线的距离就是矩形的长度。

● 若对矩形的长度满意，单击鼠标左键，即可绘制一个用户所需要的标准矩形。如图3-5所示为运用"3点矩形工具"绘制矩形并设置填充颜色后的效果。

图3-5 使用"3点矩形工具"绘制矩形

3.1.2 "椭圆工具"与"3点椭圆工具"

在使用椭圆工具组中的工具绘制椭圆的过程中，可以通过指定高度和宽度来绘制椭圆，并可以在其属性栏上设置饼形或弧形。

在CorelDRAW X7中，可以绘制椭圆的工具有两种，即"椭圆工具"和"3点椭圆工具"。

1．椭圆工具

专家指点

在将椭圆形转换为饼形或弧形的过程中，选取工具箱中的"形状工具"，单击其中的一个节点进行拖动，若鼠标指针在饼形之内拖动，则只是改变饼形的角度；若鼠标指针在饼形之外拖动，则是将饼形转换为弧形，并一起改变弧形的角度。

● 选取工具箱中的"椭圆工具"，或者按【F7】键，在绘图页面中的合适位置按住鼠标左键拖动到合适的位置，释放鼠标即可绘制椭圆形。如图3-6所示为绘制椭圆并设置渐变颜色后的效果。

图3-6 绘制椭圆

- 在绘制椭圆的过程中，若按住【Ctrl】键，则绘制的是正圆形，如图3-7所示为运用"椭圆工具"绘制正圆形的效果；若按住【Shift】键，则所绘制的是以起点为中心的椭圆形；若按住【Ctrl + Shift】组合键，则所绘制的是以起始点为中心的圆形。

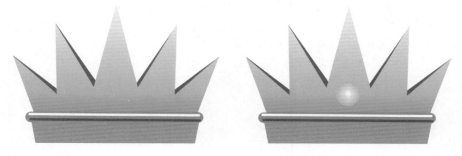

图3-7 绘制正圆形

- 若用户需要绘制弧形或饼形，可以先使用"椭圆工具"或"3点椭圆工具"绘制椭圆，再通过设置其属性栏中的参数，得到弧形或饼形。

- 选取工具箱中的"椭圆工具"或按【F7】键，在绘图页面中的合适位置按住鼠标左键并拖动鼠标绘制一个椭圆形，释放鼠标左键，在其属性栏上单击"弧"按钮，椭圆将转换成一个弧形，如图3-8所示为将圆形转换为椭圆，并移动位置后的效果。

- 单击"椭圆工具"属性栏上的"饼图"按钮，可将椭圆转换成一个饼形。

图3-8 椭圆转换为弧形

- 在默认情况下，在CorelDRAW X7中，绘制的饼形和弧形的角度都是270°，若要改变其角度，可以通过其属性栏上的"起始和结束角度"微调框来调整饼形或弧形的角度。

- 选取工具箱的"椭圆工具"，选择绘图页面中的饼形，在其属性栏中的"起始和结束角度"的两个微调框中，上边的用来调整起始角度，下边的用来调整结束角度，饼形的起始角度和结束角度即发生改变，如图3-9所示。

图3-9 改变饼图的角度

2. 3点椭圆工具

使用"3点椭圆工具"可以绘制任意角度的椭圆，并可以通过指定的高度和宽度来绘制椭圆，能够更方便地控制所绘制椭圆的大小。

🔘 选取工具箱中的"3点椭圆工具"。

🔘 在绘图页面中的合适位置按住鼠标左键不放并拖动鼠标，释放鼠标左键，即绘制出椭圆中心线。

🔘 再向中心线的一侧移动鼠标，即出现一个椭圆，鼠标指针到中心线的距离就是椭圆高度的一半。

🔘 若对椭圆的大小满意，单击鼠标左键，即可绘制椭圆。如图3-10所示为运用"3点椭圆工具"绘制椭圆并设置其颜色后的效果。

图3-10 绘制3点椭圆

 多边形工具

除了"矩形工具"和"椭圆工具"，基本绘图工具中最具变化的就是"多边形工具"，使用该工具可以绘制任何多边形效果，如多边形、星形、网格及螺旋形，还可以将多边形和星形修改成其他形状。

多边形的绘制与矩形和椭圆形的绘制方法类似，拖动鼠标即可绘制多边形，多边形的边数可以通过其属性栏设定。

🔘 选取工具箱中的"多边形工具"，在页面中的合适位置按住鼠标左键拖动至合适的大小，释放鼠标即可绘制多边形。如图3-11所示为运用"多边形工具"绘制多边形并设置颜色和轮廓，放置图片后的效果。

🔘 在默认状态下，所绘制的多边形边数为5，用户可以通过在属性栏上的点数或边数微调框改变其边数。

🔘 利用"多边形工具"选取需要改变边数的多边形，在其属性栏中的星形及复杂星形的多边形点或边数微调框中输入数值，设置复杂星形的边数，按【Enter】键，即可改变多边形的边数及点数。

图3-11 绘制多边形并放置图片

🔘 选取工具箱中的"形状工具"，选中多边形直线段中间的节点进行拖动，即可改变多边形的形状，效果如图3-12所示。

 专家指点

在使用"多边形工具"绘制多边形的过程中，若按住【Ctrl】键，则所绘制的多边形为正多边形；若按住【Shift】键，则所绘制多边形就是以起始点为中心的多边形；若按住【Ctrl + Shift】组合键，则所绘制的多边形是以起始点为中心的正多边形。

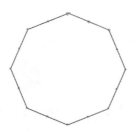

图3-12 改变多边形的形状

"星形工具"和"复杂星形工具"

1. 星形工具

在绘制星形时，可以通过设置"多边形工具"属性栏中的参数，将多边形转换成星形。在设置星形的种类时，可以通过"选项"对话框中的相关选项进行设置。

🔘 选取工具箱中的"星形工具"，在其属性栏中的"点数或边数"和"锐度"微调框中输入相应的数值，可以设置其尖角效果。

🔘 设置完成之后，在绘图页面中的合适位置按住鼠标左键拖动至合适大小，释放鼠标后即可绘制星形。如图3-13所示为运用"星形工具"绘制星形，并复制填充颜色后的效果。

图3-14 改变星形的边数绘制的星形

2. 复杂星形工具

"复杂星形工具"与"星形工具"类似，使用"复杂星形工具"可以绘制一些稍复杂的星形，如五角星之类的一些图形。

🔘 选取工具箱中的"复杂星形工具"，在绘图页面中的合适位置按住鼠标左键拖动至合适大小，即可绘制复杂星形，如图3-15所示。

图3-13 绘制星形

🔘 用户通过"星形工具"属性栏或者用鼠标拖动节点，可以改变星形的边数或点数、各角的尖锐度等。

🔘 选取工具箱中的"星形工具"，选中要修改的星形，在其属性栏中的"点数或边数"和"锐度"微调框中输入相应的数值，可以设置其尖角效果。在绘图页面中的合适位置按住鼠标左键拖动至合适大小，绘制星形。如图3-14所示为改变多边形边数并设置颜色绘制星形的效果。

图3-15 绘制复杂星形

在使用"复杂星形工具"绘制复杂星形的过程中，若按住【Ctrl】键，则所绘制的星形是正复杂星形；按住【Shift】键，则所绘制星形就是以起始点为中心的复杂星形；若按住【Ctrl + Shift】组合键，则所绘制的多边形是以起始点为中心的正复杂星形。

● 用户通过属性栏或用鼠标拖动节点，可以改变星形的边数或点数、各角的尖锐度等。

● 选取工具箱中的"复杂星形工具"，选中要修改的复杂星形，在其属性栏中的"点数或边数"微调框中，输入复杂星形的边数（输入的数值不能少于5），并在其属性栏中的"锐度"微调框 ▲ 65 ♦ 中输入相应的数值，可以设置其尖角。

● 按【Enter】键，即可改变复杂星形的边数。如图3-16所示为改变多边形边数，并使用"应用到再制"命令复制多个图形，之后设置其颜色的效果。

"边数"为5时的效果

"边数"为20并复制多个图形组合的效果

图3-16 改变复杂星形的边数

3.1.5 图纸工具

使用"图纸工具"可以非常方便地绘制图纸。

● 选取工具箱中的"图纸工具"，在其属性栏中的"列数和行数"微调框中，分别输入网格纸的列数和行数，在绘图页面中的合适位置，按住鼠标左键拖动，直至大小合适，即可完成绘制。如图3-17所示为运用"图纸工具"绘制图纸并设置其颜色前后效果对比。

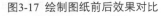

图3-17 绘制图纸前后效果对比

● 在使用 "图纸工具" 绘制图纸的过程中，若按住【Ctrl】键，那么所绘制的图纸即正图纸。

● 若按住【Shift】键，那么所绘制图纸就是以起始点为中心的图纸。

● 若按住【Ctrl + Shift】组合键，那么所绘制的图纸则是以起始点为中心的正图纸。

3.1.6 螺纹工具

使用 "螺纹工具" 可以绘制出对称式和对数式两种螺纹。对称式螺纹均匀扩展，每个回圈之间的距离相等；对数螺纹扩展时，回圈之间的距离不断增大，用户可以设置对数螺纹扩展参数。

● 选取工具箱中的 "螺纹工具"，在其属性栏中的 "螺纹回圈" 微调框中输入4，单击 "对称式螺旋" 按钮，在绘图页面中的合适位置按住鼠标左键拖动，拖至合适大小，即可得到一个如图3-18所示的对称式螺纹。

可得到一个如图3-19所示的对数式螺纹。

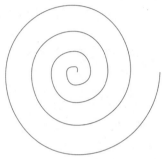

图3-19 对数式螺纹

● 在使用 "螺纹工具" 绘制螺纹的过程中，若按住【Ctrl】键，则所绘制的螺纹即正螺旋形。

● 若按住【Shift】键，则所绘制螺纹就是以起始点为中心的螺旋形。

● 若按住【Ctrl + Shift】组合键，则所绘制的螺纹是以起始点为中心的正螺旋形。

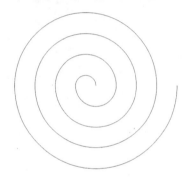

图3-18 对称式螺纹

● 若单击 "对数式螺纹" 按钮，将其属性栏中的 "螺纹扩展参数" 滑块调节到30，在绘图页面中单击并拖动鼠标，拖至合适大小，即

3.1.7 基本形状工具组

CorelDRAW X7提供了一组预设造型，包括基本形状、箭头形状、流程图形状、星形和标注形状，利用它们可以方便地绘制一些特殊形状。

单击工具箱中基本形状工具组右下角的黑色三角块，展开基本形状工具组，如图3-20所示，依次为基本形状、箭头形状、流程图形状、标题形状和标注形状。

1. 基本形状工具

在基本工具属性栏中提供了多种预设形状，在属性栏的下拉列表中选择一种形状后，直接使用鼠标拖动即可生成。其具体操作方法与前面介绍的其他工具

图3-20 基本形状工具组

的使用方法类似，唯一不同的是有些绘制的图形会出现一个红色控制点，通过该控制点可以改变造型的形状。

● 选取工具箱中的基本形状工具，单击其属性栏中的"完美形状"按钮，弹出下拉调板，选择一种图形，如图3-21所示。

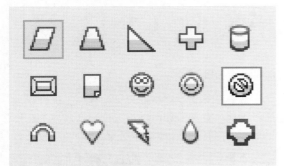

图3-21 选择相应图形

● 在选中所需形状以后，在绘图页面中的合适位置按住鼠标左键拖动，拖至合适大小，释放鼠标即可绘制基本形状。如图3-22所示为运用基本形状工具绘制基本形状并设置其颜色前后效果对比。

图3-22 绘制基本图形前后效果对比

● 单击基本形状上的红色控制点，按下鼠标左键向下拖动，即可改变造型。

● 在其属性栏中的"轮廓宽度"下拉列表中，可以为绘制的图形进行选择，设置轮廓线的宽度，如图3-23所示。

● 若要编辑选中的轮廓线，可以在"对象属性"泊坞窗中单击"设置"按钮，弹出"编辑线条样式"对话框，如图3-24所示，

拖动滑块可以加大虚线点之间的间距；单击"添加"按钮，会将编辑好的轮廓线添加到"轮廓样式选择器"下拉列表中；单击"替换"按钮，可以用编辑后的轮廓替换原轮廓线。

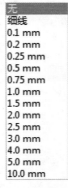

图3-23 "轮廓宽度"下拉列表

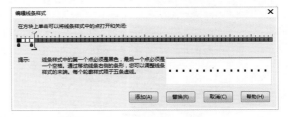

图3-24 "编辑线条样式"对话框

2．箭头形状工具

用户在绘图过程中，通常会用箭头做指示，CorelDRAW提供了箭头工具，更方便用户的操作。

● 选取工具箱中的箭头形状工具，单击其属性栏中的"完美形状"按钮，弹出下拉调板，选择一种箭头类型，如图3-25所示。

图3-25 选择相应图形

● 在绘图页面上按住鼠标左键拖动，即可生成箭头形状。如图3-26所示为运用箭头形状工具绘制箭头并设置颜色前后效果对比。

图3-26 绘制箭头形状前后效果对比

3．流程图形状工具

流程图工具提供了许多特殊造型，与基本形状不同的是它未提供控制点来调整造型。

🔵 选取工具箱的流程图形状工具，单击其属性栏中的"完美形状"按钮，弹出下拉调板，选择一种流程图类型，如图3-27所示。

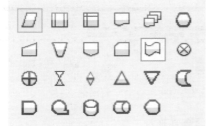

图3-27 选择相应的流程图形状

🔵 在绘图页面上按住鼠标左键拖动，拖到合适大小，即可绘制流程图形状。如图3-28所示为运用流程图形状工具绘制图形并设置颜色前后效果。

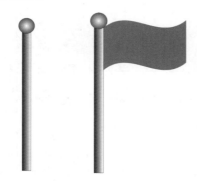

图3-28 绘制流程图前后效果对比

4．标题形状工具

标题形状工具提供了类似星形的各种造型。

🔵 选取工具箱的标题形状工具，单击其属性栏中的"完美形状"按钮，弹出下拉调板，选择一种图形类型，如图3-29所示。

图3-29 选择相应图形

🔵 在绘图页面上按住鼠标左键拖动，即可生成图形。如图3-30所示为运用标题形状工具绘制图形并设置颜色后的效果。

图3-30 绘制标题形状图形

5．标注形状工具

标注形状的图形在绘图过程中经常可以用到，在其造型中输入文字，可以更清楚地表达含义。

🔵 选取工具箱的标注形状工具，单击其属性栏中的"完美形状"按钮，弹出下拉调板，选择一种标注形状类型，如图3-31所示。

图3-31 选择相应图形

🔵 在绘图页面上按住鼠标左键拖动，即可生成标注形状，如图3-32所示。

图3-32 绘制标注形状

🔵 绘制标注形状后，还可以在标注内加入文字。选取工具箱中的文本工具，将鼠标指针放置在形状内，鼠标指针呈光标的形状，单击鼠标左键，标注形状的边框内部会出现虚线，此时即可输入文本，还可以在其属性栏中设置字体格式，效果如图3-33所示。

图3-33 添加标注文本

[3.2 连接器工具

在中文版CorelDRAW X7中，利用连接器工具组中的工具可以将两个图形对象通过连接锚点的方式用线连接起来，主要用于流程图的连线。

3.2.1 应用直线连接器工具

使用直线连接器工具将两个对象连接在一起后，如果移动其中一个对象，连线的长度和角度将做出相应的调整，但连线关系将保持不变。如果连线只有一端连接在对象上，而另一端固定在绘图页面上，当移动该对象时，另一端将固定不动。如果连线没有连接到任何对象上，那么它将成为一条普通的线段。

🔵 单击工具箱中的"直线连接器工具"按钮，在工作区内选择线段的起点，然后按住鼠标左键拖动，至终点位置时释放鼠标，如图3-34所示。

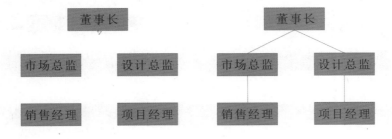

图3-34 应用直线连接器工具

🔵 用户可以通过属性栏调整"直线连接器工具"直线的宽度，还可以给直线起点和终点设置箭头样式和直线的轮廓样式。首先选中图像中的一条直线，如图3-35所示。

在属性栏中的"轮廓宽度"微调框中输入数值0.05cm，直线效果如图3-36所示。

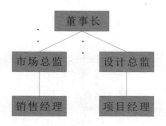

图3-35 选择直线

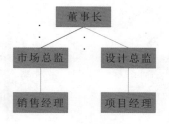

图3-36 设置直线"轮廓宽度"

继续在属性栏中设置所选中直线的"起始箭头"，选择"箭头2"箭头样式，如图3-37所示。

在属性栏中设置所选中直线的"终止箭头"，选择"箭头2"箭头样式，如图3-38所示。

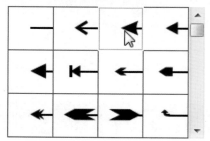

图3-37 选择起始箭头样式

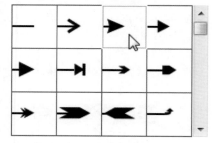

图3-38 选择终止箭头样式

在属性栏中设置所选中直线的"线条样式"，选择"虚线"线条样式，如图3-39所示。

设置完成后，即可改变使用"直线连接器工具"绘制的直线样式，如图3-40所示。

图3-39 选择直线线条样式

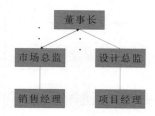

图3-40 设置后的直线效果

 专家指点

单击工具箱中的"形状工具"，选中线段节点，然而按住鼠标左键将其拖动至合适位置，可以更改直线的连接位置。

3.2.2 直角连接器工具

　　使用"直角连接器工具"连接对象时，连线将自动形成折线。连线上有许多节点，拖动这些节点可以移动连线的位置和形状。如果拖动连接在对象上的连线的节点，可以改变该节点的连接位置。

● 单击"直角连接器工具"按钮，选择第一个节点，然后按住鼠标左键拖动至另一个节点，释放鼠标后两个对象将以直角连接线的形式连接在一起，如图3-41所示。

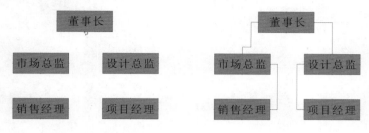

图3-41 应用"直角连接器工具"

● 在属性栏中也可以设置"直角连接器工具"折线的宽度、起点和终点的箭头样式及直线的轮廓样式。与"直线连接器工具"一样，多了一个"圆形直角"微调框，通过调整"圆形直角"微调框中的数值，可以将直角折线转换为圆角折线。选中图像中的一条直线，如图3-42所示。

● 在属性栏中设置"圆形直角"微调框中的数值为5.0mm，所选折线的样式效果如图3-43所示。

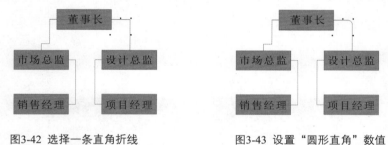

图3-42 选择一条直角折线　　　　　　　　　图3-43 设置"圆形直角"数值

 3.2.3　圆直角连接符工具

　　使用"圆直角连接符工具"连接对象时，连线将自动形成一条带圆角的折线。圆角的程度可以通过属性栏中的"圆形直角"微调框调整。如果拖动连接在对象上的连线的节点，可以改变该节点的连接位置。

● 单击"圆直角连接符工具"按钮，选择第一个节点，然后按住鼠标左键拖动至另一个节点，释放鼠标后，两个对象将以圆角连接线的形式进行连接，如图3-44所示。

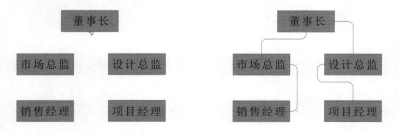

图3-44 应用"圆直角连接符工具"

● "圆直角连接符工具"和"直角连接器工具"一样，只是多了一个"圆形直角"微调框，通过调整"圆形直角"微调框中的数值，可以将圆角折线转换为直角折线。选中图像中的一条直线，如图3-45所示。

在属性栏中设置"圆形直角"微调框中的数值为0mm，所选折线的样式效果如图3-46所示。

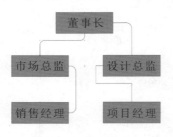

图3-45 选择一条圆角折线

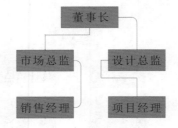

图3-46 设置"圆形直角"数值

3.2.4 锚点工具

　　使用"锚点工具"可以对对象的锚点进行调整，从而改变锚点与对象之间的距离或连线与对象之间的距离。

　　单击工具箱中的"锚点工具"按钮，在所选位置上双击即可增加锚点；单击一个锚点，单击属性栏中的"删除锚点"按钮，即可删除锚点；选中图像上要移动的锚点，然后按住鼠标左键拖动，可以将其从一个位置移动到另一个位置。

● 在工具箱中选取"锚点工具"，然后选择一个图形，图形上会显示相应的锚点，如图3-47所示。

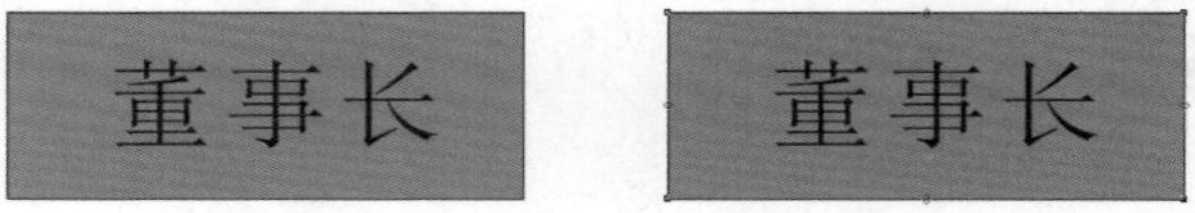

图3-47 应用"锚点工具"

● 在"锚点工具"的属性栏中，有一个"调整锚点方向"微调框，用户可以按照指定的角度调整锚点的方向。

● 在图像中，用"锚点工具"选择一个有连接线的图形，选中连接线与图形交接的锚点，如图3-48所示。

● 将鼠标指针放在所选锚点上，通过接下鼠标左键移动相应锚点，与此锚点连接的连接线也会相应地发生变化，如图3-49所示。

图3-48 选择一条圆角折线

图3-49 移动锚点

3.3 专家支招

本章主要讲解了图形工具、连接器工具的使用和编辑，这两大工具的形态变化主要是通过工具属性栏进行设置的。用户可以在绘制图形前就在工具属性栏中进行相应设置；也可以在图形绘制完毕后，选中图形，再在工具属性栏上进行相应的设置。虽然通过这两种方式都能对图形进行相应的改变，但是第一种方式一般只是在已经知道最终效果后才会使用，第二种方式相对于第一种方式，具有一定的灵活性，用户可以通过这种方式一边调整一边查看效果，在达到所需要的效果后确认操作。

3.4 总结扩展

抛开连接器工具和度量工具，几何图形绘制工具可以说是CorelDRAW软件中的重点内容，在工作设计中几何图形绘制工具更是不可缺少，使用这些工具绘制图形更加快捷、方便，可以为用户在平时的工作中节约大量的绘图时间，要想熟练使用CorelDRAW软件，就必须掌握几何图形绘制工具的使用技巧。

3.4.1 本章小结

本章主要讲解了几何图形的绘制与编辑，并介绍了连接器工具和度量工具的应用，以及如何利用CorelDRAW强大的绘图与编辑功能绘制矩形、椭圆、多边形、星形等几何图形，以及移动、添加、删除、连接节点等。

3.4.2 举一反三——制作手机广告

改变轮廓的形状包括改变轮廓线的宽度、轮廓线的样式和边角形状等，用户可以根据绘图需要对其进行设置，下面介绍具体的操作步骤。

应用案例

举一反三——制作手机广告

素材：光盘\素材\第3章\　　效果文件：光盘\效果\第3章\手机广告.cdr、手机广告.jpg

视频：光盘\视频\第3章\3.5.2 举一反三——制作手机广告.mp4

STEP 01 选择"文件"|"新建"命令，新建一个空白文件，运用"矩形工具"绘制一个矩形，填充颜色为粉色（CMYK参考值分别为0、40、20、0），如图3-50所示。

STEP 02 选中矩形，在属性栏上单击"圆角"按钮，设置"转角半径"均为9.0mm，效果如图3-51所示。

STEP 03 复制圆角矩形，填充颜色为白灰色（CMYK参考值分别为0、0、0、10），并适当调整图形的大小和位置，如图3-52所示。

STEP 04 选取工具箱中的"矩形工具"，绘制一个矩形，填充颜色为黑色（CMYK参考值分别为0、0、0、100），并适当调整图形的大小和位置，如图3-53所示。

图3-50 绘制矩形

图3-51 设置矩形圆角

图3-52 复制矩形

图3-53 绘制矩形

STEP 05 选取工具箱中的基本形状工具，在属性栏上单击"完美形状"下拉按钮，在下拉调板中选择相应的形状，如图3-54所示。

STEP 06 在页面上绘制相应的图形，填充颜色为白色，并在"对象属性"泊坞窗中的"透明度"下拉列表中，设置"透明度"样式为"均匀透明度"、"透明度"为87，并适当调整图形的大小、位置和角度，效果如图3-55所示。

图3-54 选择相应图形

图3-55 绘制并调整形状

STEP 07 选取工具箱中的"椭圆工具"，绘制一个正圆形，填充颜色为深灰色（CMYK参考值分别为0、0、0、50），并适当调整图形的大小和位置，如图3-56所示。

STEP 08 复制正圆形，修改其填充颜色为白色，并适当调整复制圆形的大小和位置，如图3-57所示。

图3-56 绘制正圆形

图3-57 复制正圆形

STEP 09 选取工具箱中的"矩形工具"，绘制一个矩形，填充颜色为深灰色（CMYK参考值分别为73、66、64、20），并适当调整矩形的大小和位置，如图3-58所示。

STEP 10 选中矩形，在属性栏上单击"圆角"按钮，设置合适的"转角半径"，效果如图3-59所示。

图3-58 绘制矩形

图3-59 设置"转角半径"

STEP 11 选取工具箱中的"椭圆工具"，绘制一个正圆形，填充颜色为深灰色（CMYK参考值分别为0、0、0、50），并适当调整正圆形的大小和位置，如图3-60所示。

STEP 12 复制正圆形，修改其填充颜色为黑色（CMYK参考值分别为0、0、0、100），并适当调整复制正圆形的大小和位置，效果如图3-61所示。

STEP 13 选取工具箱中的"矩形工具"，绘制一个矩形，填充颜色为粉色（CMYK参考值分别为0、40、20、0），在属性栏上适当调整左上角和左下角圆角的"转角半径"，并适当调整矩形的大小和位置，效果如图3-62所示。

图3-60 绘制正圆形

图3-61 复制正圆形

STEP 14 复制矩形两次，调整圆角的"转角半径"，并移动到相应位置，效果如图3-63所示。

图3-62 绘制并调整矩形

图3-63 复制并调整矩形

STEP 15 选取工具箱中的"星形工具"，绘制一个五角星形，填充颜色为白色，并适当调整其大小和位置，效果如图3-64所示。

STEP 16 选取工具箱中的标题形状工具，单击属性栏上的"完美形状"下拉按钮，在下拉调板中选择相应的形状，在页面上绘制相应的形状，效果如图3-65所示

图3-64 绘制五角星形

图3-65 绘制标题形状图形

STEP 17 选取工具箱中的文本工具，在属性栏上设置"字体"为"方正水柱简体"、"字体大小"为24pt，在适当位置输入相应的文字，效果如图3-66所示。

STEP 18 选取工具箱中的"矩形工具"，在相应的位置绘制一个矩形，在属性栏上单击"倒棱角"按钮，设置矩形左上角和右下角的"转角半径"为10.0mm，效果如图3-67所示

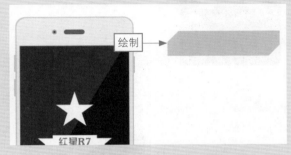

图3-66 输入文字　　　　　　　　　　　　　图3-67 绘制并调整矩形

STEP 19 复制上一步绘制的矩形3次，并适当调整其位置，如图3-68所示。

STEP 20 选取工具箱中的文本工具，在4个粉色图形上分别输入相应的文字，在属性栏上设置"字体"为"黑体"、"字体大小"为28pt、填充"颜色"为白色，如图3-69所示。

图3-68 绘制并调整矩形　　　　　　　　　　图3-69 输入文字

STEP 21 选取工具箱中的"直线连接器工具"，分别连接4个粉色图形，并在"对象属性"泊坞窗中设置"轮廓宽度"为2.0mm、"轮廓颜色"为粉色（CMYK参考值分别为0、40、20、0），效果如图3-70所示。

STEP 22 选取工具箱中的3点标注工具，在适当位置绘制标注图形，输入文字后，在属性栏上设置"标注形状"为"框"、"间隙"为4.4mm、"轮廓宽度"为0.75mm，设置标注文字的"字体"为"黑体"、"字体大小"为24pt，并在"对象属性"泊坞窗中设置"轮廓颜色"为粉红色（CMYK参考值分别为0、75、0、0），效果如图3-71所示。

STEP 23 参照上一步的操作方法，在适当位置再绘制一个3点标注图形，效果如图3-72所示，完成制作。

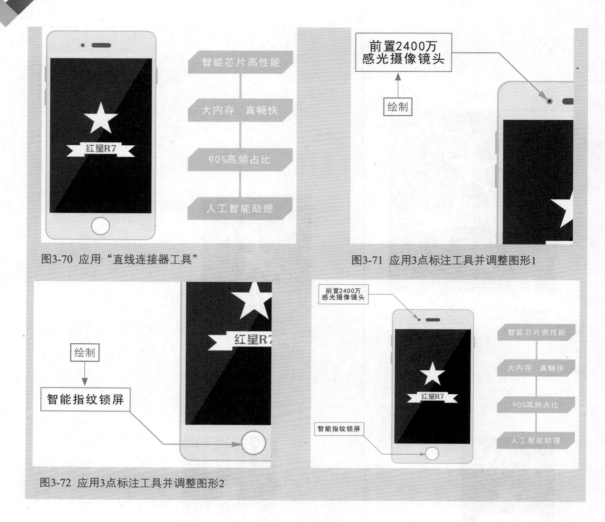

图3-70 应用"直线连接器工具"

图3-71 应用3点标注工具并调整图形1

图3-72 应用3点标注工具并调整图形2

读书
笔记

第4章 直线和曲线：轮廓线条的绘制与调整

在CorelDRAW X7中，可以绘制各种不同的线条，如直线、曲线、多线段等，本章主要介绍如何运用绘图工具绘制直线、曲线、几何图形及规则图形等，并掌握直线与曲线的编辑与应用。

本章学习重点

运用"手绘"工具绘制直线和曲线

运用"贝塞尔"工具绘制直线和曲线

运用"钢笔"工具绘制直接和曲线

运用多点线工具绘制直线和曲线

运用"形状"工具调整曲线

美化与处理图形轮廓线

4.1 运用"手绘"工具绘制直线和曲线

在CorelDRAW X7中，使用"手绘"工具可以非常方便地绘制直线、曲线和闭合的曲线图形等，本节主要介绍通过运用"手绘工具"绘制直线和曲线的方法。

4.1.1 绘制直线

在CorelDRAW X7中，在工具箱中选取"手绘"工具，根据需要在图形对象上绘制一条直线，下面以"工作证"的绘制为例，介绍运用"手绘"工具绘制直线的具体操作步骤。

应用案例 绘制直线完成工作证的制作

素材：光盘\素材\第4章\工作证.cdr 效果文件：光盘\效果\第4章\工作证.cdr、工作证.jpg 视频：光盘\视频\第4章\4.1.1 绘制直线.mp4

STEP 01 按【Ctrl+O】组合键，打开一幅素材图像，如图4-1所示。

STEP 02 选取工具箱中的"手绘"工具，如图4-2所示。

图4-1 打开一幅素材图像

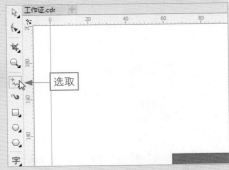

图4-2 选取"手绘"工具

STEP 03 将鼠标移至素材中的合适位置，单击鼠标左键，确定直线的起始点，然后在另一个位置单击鼠标左键，确定直线的结束点，即可绘制一条直线，如图4-3所示。

STEP 04 用同样的方法，在素材的合适位置再次绘制直线，最终效果如图4-4所示。

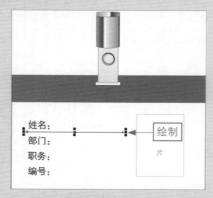

图4-3 绘制一条直线

图4-4 最终效果

 专家指点

在绘制直线的同时，按住【Ctrl】键，可以绘制沿水平、垂直或向45°方向倾斜的线段。

绘制曲线

在CorelDRAW X7中，还可以运用"手绘"工具在图形对象上绘制曲线，下面以两个纸杯图像素材为例，在纸杯中间绘制一条曲线，制作纸杯话筒效果。

应用案例 **绘制曲线完成纸杯话筒的制作**
素材：光盘\素材\第4章\纸杯话筒.cdr　效果文件：光盘\效果\第4章\纸杯话筒.cdr、
纸杯话筒.jpg　视频：光盘\视频\第4章\4.1.2 绘制曲线.mp4

STEP 01 按【Ctrl+O】组合键，打开一幅素材图像，如图4-5所示，然后选取工具箱中的"手绘"工具。

STEP 02 将鼠标指针放置到页面中的合适位置，如图4-6所示。

图4-5 打开一幅素材图像

图4-6 移动鼠标指针至合适位置

STEP 03 单击鼠标左键，确定曲线的起始点，按住鼠标左键不放进行拖动，如图4-7所示。

STEP 04 移到素材的另一位置后释放鼠标左键，即可绘制一条曲线，最终效果如图4-8所示。

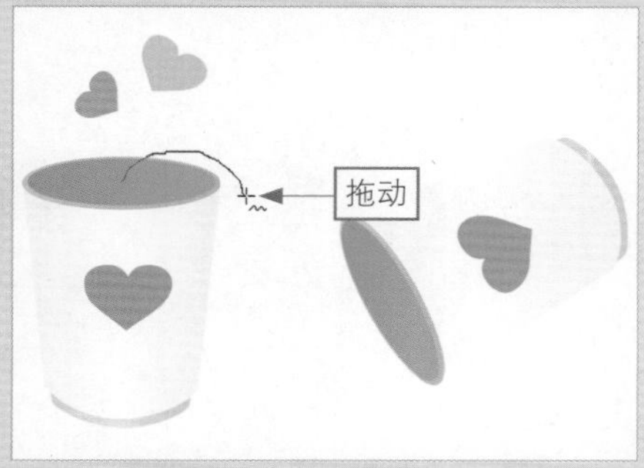

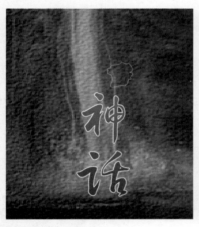

图4-7 拖动鼠标

图4-8 最终效果

使用"手绘"工具除了可以绘制直线段、直线型封闭图形，还可以绘制封闭的曲线，其操作也十分简单，选取工具箱中的"手绘"工具后，将鼠标指针移至素材图像上，按住鼠标左键随意拖动，最后将鼠标指针移至起点处释放鼠标，即可绘制一个封闭的曲线图形。如图4-9所示为运用"手绘"工具绘制不规则图形，并设置填充颜色及轮廓后的效果。

图4-9 绘制封闭曲线

[4.2 运用"贝塞尔"工具绘制直线和曲线

使用"贝塞尔"工具可以很容易地绘制出直线、连续线段、多边形和曲线，并可以通过节点和控制柄的位置来控制曲线的弯曲度及图形的形状。

4.2.1 绘制直线

运用"贝塞尔"工具在结婚请帖上绘制直线，其操作步骤与使用"手绘工具"的操作步骤相近，下面介绍具体的操作。

绘制直线完成结婚请帖的制作

素材：光盘\素材\第4章\结婚请帖.cdr　效果文件：光盘\效果\第4章\结婚请帖.cdr、
结婚请帖.jpg　视频：光盘\视频\第4章\4.2.1 使用"贝塞尔"工具绘制直线.mp4

STEP 01 按【Ctrl+O】组合键，打开一幅素材图像，如图4-10所示。

STEP 02 在工具箱中，单击"手绘"工具按钮右下角的三角形按钮，展开工具组，在其中选择"贝塞尔"工具，如图4-11所示。

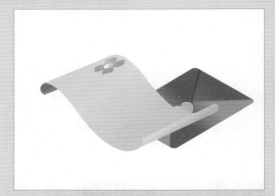

图4-10 打开一幅素材图像

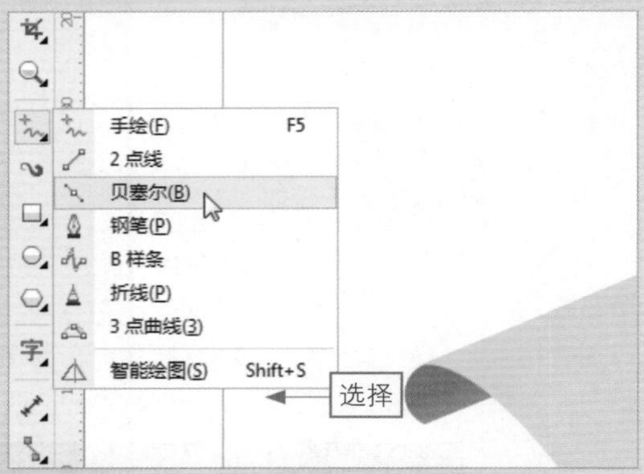

图4-11 选择"贝塞尔"工具

STEP 03 将鼠标指针放置于页面中的合适位置后单击，确定直线的起点，然后将鼠标指针移动到另一个位置并单击，确定直线的终点，即可绘制出一条直线，如图4-12所示。

STEP 04 按【Enter】键或者在工具箱中选取其他工具，即可结束绘制直线的操作，然后在素材图像上的其他位置继续绘制直线，最终效果如图4-13所示。

图4-12 绘制一条直线

图4-13 最终效果

4.2.2 绘制曲线

　　运用"贝塞尔"工具在鼠标素材图像上，为鼠标绘制一条鼠标线，下面介绍运用"贝塞尔"工具绘制曲线的具体操作。

绘制曲线完成鼠标素材的制作
素材：光盘\素材\第4章\鼠标素材.cdr　效果文件：光盘\效果\第4章\鼠标素材.cdr、
鼠标素材.jpg　视频：光盘\视频\第4章\4.2.2　使用"贝塞尔"工具绘制曲线.mp4

STEP 01 按【Ctrl+O】组合键，打开一幅素材图像，如图4-14所示，在工具箱中选取"贝塞尔"工具。

STEP 02 将鼠标指针移动至鼠标的接口位置，如图4-15所示。

 专家指点

在绘制曲线的过程中，按住【Alt】键，拖动鼠标移动节点位置；按住【C】键绘制曲线，制作尖突节点曲线。

STEP 03 按住鼠标左键不放拖动鼠标，随着鼠标的移动，在节点两边会出现两个控制柄，如图4-16所示。

STEP 04 移到合适位置后释放鼠标左键，再在页面中单击，确定下一个节点的位置，这时在所绘制的两个节点之间将会生成一条曲线线段，最终效果如图4-17所示。

图4-14　打开一幅素材图像

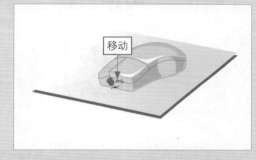

图4-15　移动鼠标指针

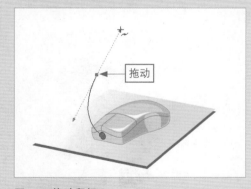

图4-16　拖动鼠标

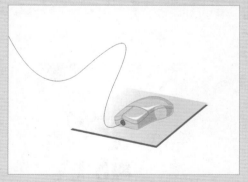

图4-17　最终效果

 4.2.3　绘制连续线段

在促销宣传卡片的宣传文字周围，运用"贝塞尔"工具绘制两组连续线段，为宣传语添加边框，可以使文字更加突出。下面介绍运用"贝塞尔"工具绘制连续线段的具体操作。

应用案例

绘制连续线段完成促销卡片的制作

素材：光盘\素材\第4章\促销卡片.cdr　　效果文件：光盘\效果\第4章\促销卡片.cdr、
促销卡片.jpg　　视频：光盘\视频\第4章\4.2.3 绘制连续线段.mp4

STEP 01 按【Ctrl+O】组合键，打开一幅素材图像，如图4-18所示，然后，在工具箱中选取"贝塞尔"工具。

STEP 02 在宣传文字周边的合适位置单击，确定线条的起始点，移动鼠标，到合适的位置单击，绘制一条直线，如图4-19所示。

图4-18 打开一幅素材图像

图4-19 绘制一条直线

STEP 03 再将鼠标指针移至另一个位置，单击鼠标左键，绘制与第一条线段相衔接的第二条线段，如图4-20所示。

STEP 04 用同样的方法，在文字周边的另一个位置，再次绘制一组连续线段，最终效果如图4-21所示。

图4-20 绘制第二条线段

图4-21 最终效果

4.2.4 绘制多边形

使用"贝塞尔"工具绘制多边形闭合图形，其操作方法与绘制连续线段类似，即绘制多条衔接的连续线段。首先在素材图像中的合适位置单击，以确定线条的起点，移动鼠标到合适的位置并单击，绘制一条直线，再移动鼠标到另一个位置并单击，绘制第二条线段，然后用同样的方法在其他的节点位置绘制线段，最后将鼠标指针移至起点处，单击鼠标左键即可绘制出多边形。如图4-22所示为运用"多边形工具"绘制多边形并设置填充颜色后的效果。

图4-22 绘制多边形

[4.3 运用"钢笔"工具绘制直线和曲线

"钢笔"工具的使用方法和"贝塞尔"工具的使用方法相似，都可以绘制曲线、多边形图形及封闭的图形。不同之处在于使用"钢笔"工具绘制曲线时能在确定下一个节点之前预览曲线的当前形状。使用"钢笔"工具还可以在绘制好的直线和曲线上添加或删除节点，从而更加方便地控制直线和曲线。

4.3.1 绘制直线

要使用"钢笔"工具绘制直线，首先选取工具箱中的"钢笔"工具，此时鼠标指针呈 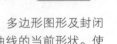 形状，将鼠标指针移至绘图页面中单击，确定直线的起始点，然后将鼠标指针移动到另一个位置并单击，确定直线的终点，即可绘制一条直线，在最后的节点上双击或者在工具箱中选取其他工具，即可结束直线的绘制，如图4-23所示为运用"钢笔"工具绘制直线的效果。

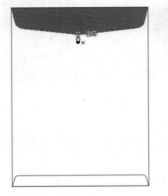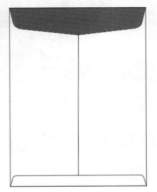

图4-23 绘制直线

绘制曲线

选取工具箱中的"钢笔"工具，此时鼠标指针呈 ♦ₓ 形状，将鼠标指针移动到绘图页面中单击，确定曲线的起始点，按住鼠标左键不放并向任意方向拖动一段距离后释放鼠标，此时在节点两侧分别出现了两个控制柄，如图4-24所示，将鼠标指针移动到另一位置，按住鼠标左键拖动一段距离后释放鼠标左键，绘制出如图4-25所示的曲线。

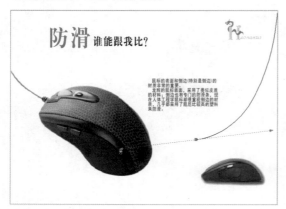

图4-24 出现控制柄

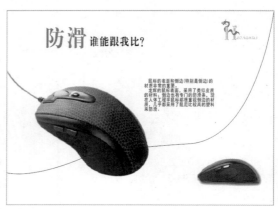

图4-25 绘制出第二条曲线

若要结束曲线的绘制，可以选取工具箱中的其他工具，若要继续绘制曲线，可以在另一位置单击并按住鼠标左键拖动一段距离后释放鼠标左键，从而绘制出另一条曲线段，如图4-26所示为运用"钢笔"工具绘制曲线图形，并设置渐变颜色后的效果。

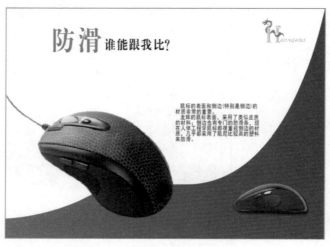

图4-26 使用"钢笔"工具绘制曲线

[4.4 运用多点线工具绘制直线和曲线

使用多点线工具绘制曲线的方法跟"手绘"工具的使用方法相似。本节主要向读者介绍"2点线"工具、"B样条"工具、"折线"工具及"3点曲线"工具的使用。

4.4.1 "2点线"工具

在CorelDRAW X7中，使用"2点线"工具可以为信纸添加行线，使画面更加美观，下面介绍运用"2点线"工具绘制直线段的具体操作。

应用案例

利用"2点线"工具完成古风信纸的制作

素材：光盘\素材\第4章\古风信纸.cdr　效果文件：光盘\效果\第4章\古风信纸.cdr、古风信纸.jpg　视频：光盘\视频\第4章\4.4.1 2点线工具.mp4

STEP 01 按【Ctrl+O】组合键，打开一幅素材图像，如图4-27所示。

STEP 02 在工具箱中，单击"手绘"工具按钮右下角的三角形按钮，展开该工具组，在其中选择"2点线"工具，如图4-28所示。

图4-27 打开一幅素材图像

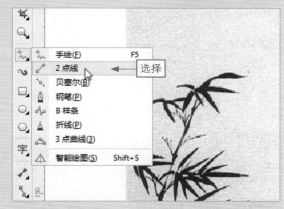

图4-28 选择"2点线"工具

STEP 03 在"对象属性"泊坞窗中，❶设置"轮廓宽度"为0.5mm，❷然后设置线条样式，如图4-29所示。

图4-29 设置线段对象属性

STEP 04 将鼠标指针移至素材画面中的合适位置，单击鼠标左键确认起始位置，长按鼠标左键并拖动鼠标至结束位置，释放鼠标左键，即可绘制一条2点直线段，如图4-30所示。

STEP 05 用同样的方法，在信纸的其他位置，再次绘制2点直线段，最终效果如图4-31所示。

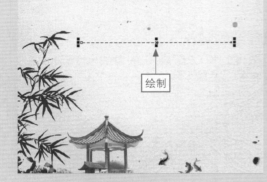
图4-30 绘制一条2点直线段

图4-31 最终效果

"B样条" 工具

在CorelDRAW X7中，使用"B样条"工具，可以在山水画上绘制曲线，添加小山丘，使画面更加丰富，下面介绍运用"B样条"工具绘制曲线的具体操作步骤。

 应用案例 利用"B样条"工具完成山水风光的制作

素材：光盘\素材\第4章\山水风光.cdr 效果文件：光盘\效果\第4章\山水风光.cdr、山水风光.jpg 视频：光盘\视频\第4章\4.4.2 B样条工具.mp4

STEP 01 按【Ctrl+O】组合键，打开一幅素材图像，如图4-32所示。

STEP 02 在工具箱中，单击"手绘"工具按钮右下角的三角形按钮，展开该工具组，在其中选择"B样条"工具，如图4-33所示。

图4-32 打开一幅素材图像

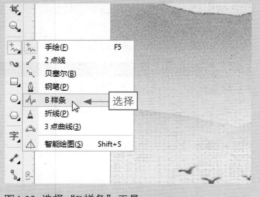
图4-33 选择"B样条"工具

STEP 03 将鼠标指针移至素材画面中的合适位置，单击鼠标左键确认起始位置，在素材画面中的其他位置单击鼠标设置几个节点，如图4-34所示。

STEP 04 在素材画面中的另一个位置，双击鼠标左键，确认结束位置，即可绘制一条曲线，最终效果如图4-35所示。

图4-34 设置几个节点

图4-35 最终效果

 ### 4.4.3 "智能绘图"工具

在CorelDRAW X7中，使用"智能绘图"工具绘制手绘笔触，可以对手绘笔触进行识别，并转换为基本形状，下面介绍"智能绘图"工具的使用。

应用案例 爱心绘制
素材：光盘\素材\第4章\爱心绘制.cdr　效果文件：光盘\效果\第4章\爱心绘制.cdr、爱心绘制.jpg　视频：光盘\视频\第4章\4.4.3 智能绘图工具.mp4

STEP 01 按【Ctrl+O】组合键，打开一幅素材图像，如图4-36所示。

STEP 02 在工具箱中，单击"手绘"工具按钮右下角的三角形按钮，展开该工具组，在其中选择"智能绘图"工具，如图4-37所示。

图4-36 打开一幅素材图像

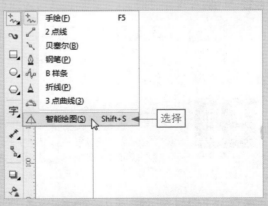
图4-37 选择"智能绘图"工具

STEP 03 将鼠标移至绘图页面中的合适位置，根据需要绘制曲线路径，长按鼠标左键进行拖动，至合适位置后释放鼠标，即可绘制一条曲线，如图4-38所示。

STEP 04 用同样的方法，在素材图像的另一个位置，再次绘制一条曲线，如图4-39所示。

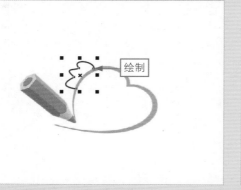

图4-38 绘制一条曲线

图4-39 绘制另一条曲线

STEP 05 然后设置曲线的轮廓为橘红色，效果如图4-40所示。

图4-40 设置曲线轮廓为橘红色

4.4.4 "3点曲线"工具

选择"3点曲线"工具，只需确定3个点，即可快速地绘制各种样式的曲线，并方便地控制曲线的弧度。下面介绍"3点曲线"工具的使用。

 利用"3点曲线"工具完成购物手袋的制作

素材：光盘\素材\第4章\购物手袋.cdr   效果文件：光盘\效果\第4章\购物手袋.cdr、购物手袋.jpg   视频：光盘\视频\第4章\4.4.4 3点曲线工具.mp4

STEP 01 按【Ctrl+O】组合键，打开一幅素材图像，如图4-41所示。

STEP 02 在工具箱中，单击"手绘"工具按钮右下角的三角形按钮，展开该工具组，在其中选择"3点曲线"工具，如图4-42所示。

图4-41 打开一幅素材图像

图4-42 选择"3点曲线"工具

STEP 03 在绘图区中的开始位置按下鼠标左键拖动，至所需位置后释放鼠标，如图4-43所示。

STEP 04 然后向上移动鼠标，至相应的位置后，单击鼠标左键，即可绘制出弧形的曲线，效果如图4-44所示。

图4-43 绘制曲线

图4-44 最终效果

[4.5 运用"形状"工具调整曲线

　　使用"手绘"工具或"贝塞尔"工具在绘制图形的过程中，若用户对绘制的曲线或者直线不满意，需要反复修改，用户可以使用"形状"工具 ，对节点进行编辑，通过编辑节点可以改变线段的弯曲度及图形的形状，还可以增加或删除节点。要运用好"形状"工具，必须先掌握"形状"工具属性栏中各项功能设置，如图4-45所示为"形状"工具组。

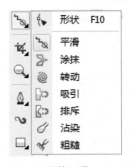

图4-45 形状工具

4.5.1 移动节点和曲线

选取节点，可以对节点进行移动，从而更好地编辑线条，改变图形的形状，绘制比较复杂的图形效果。

1．选取节点的6种方法

在对图形对象进行编辑之前，首先选取节点。选取节点有6种方法。

● 鼠标单选：选取工具箱中的"形状"工具，在节点上单击，选取一个节点，被选择的节点显示为黑色方块，按住【Shift】键，依次单击其他节点，可以选取多个节点，如图4-46所示。

图4-46 选取多个节点前后对比

● 鼠标框选：按住鼠标左键拖动，框选多个节点。

● 菜单命令：选择"编辑"|"全选"|"节点"命令，可以选定曲线上的全部节点，如图4-47所示。

● 键盘＋鼠标双击：按【Ctrl＋Shift】组合键，选取线段上的任意一个节点，即可选中该线段上的所有节点，或者用鼠标单击其属性栏中的"选择全部节点"按钮。

图4-47 选取全部节点

● 形状工具双击：选择曲线图形，双击工具箱中的"形状"工具即可。

● 撤销节点：若想撤销对节点的选择，按住【Shift】键，单击选定的节点；若要撤销对全部节点的选择，单击绘图页面中的空白位置，即可撤销节点的选择。

2．移动节点

为了更精确地移动节点，用户可以使用键盘上的方向键移动节点。

使用"形状"工具选中一条曲线，再选中要移动的节点，此时鼠标指针呈 形状，按住鼠标左键拖动到用户满意的位置，释放鼠标即可改变整个曲线的形状，或者按键盘上的方向键进行移动。如图4-48所示为移动节点前后的效果对比。

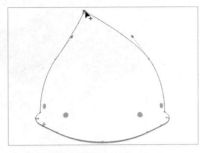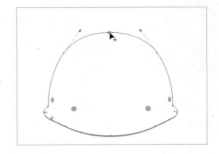

图4-48 移动曲线上的节点前后对比

3．移动曲线

使用"形状"工具选中一条曲线，然后在曲线上单击，此时鼠标指针呈 形状，拖动鼠标，即可改变该段曲线的形状，从而改变整个曲线的形状。如图4-49所示为移动曲线前后的效果对比。

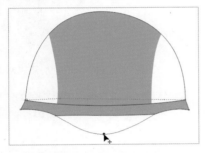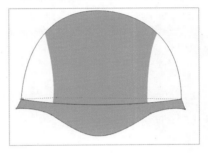

图4-49 移动曲线前后效果对比

添加和删除节点

选取节点后，可以对节点进行添加、删除等操作，从而改变图形的形状，或更好地编辑线条，绘制比较复杂的图形效果。

1．添加节点的3种方法

在编辑图形对象的过程中，若需要添加节点再进行编辑，用户可以使用3种方法。

● 鼠标双击：选取工具箱中的"形状"工具，单击需要添加节点的图形，并在添加节点的位置双击，在被双击的位置就会添加一个节点，如图4-50所示。

图4-50 添加节点前后效果对比

⚫ 属性按钮：选取工具箱中的"形状"工具，单击需要添加节点的图形，在需要添加节点的位置单击，再单击其属性栏中的"添加节点"按钮 🔳，也可以添加节点。

⚫ 快捷菜单：选取工具箱中的"形状"工具，将鼠标指针移至需要添加节点的位置，单击鼠标右键，在弹出的快捷菜单中，选择"添加节点"命令，也可以添加节点。

2. 删除节点的3种方法

在编辑图形对象的过程中，节点过多会影响图形对象边缘的平滑度，需要删除节点。

删除节点有3种方法。

⚫ 属性按钮：选取工具箱中的"形状"工具，选中要删除的节点，再单击其属性栏中的"删除节点"按钮 🔳，即可删除节点，如图4-51所示。

⚫ 快捷菜单：选取工具箱中的"形状"工具，选中要删除的节点，单击鼠标右键，在弹出的快捷菜单中选择"删除节点"命令，也可以删除节点。

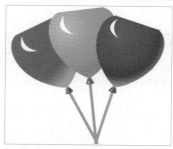

图4-51 删除节点前后效果对比

⚫ 键盘删除键：选取工具箱中的"形状"工具，选中要删除的节点，按【Delete】键，也可以删除节点。

连接和分割曲线

对于同一个曲线图形上的两个节点，可以将它们连接为一个节点，此时被连接的两个节点之间的线段就会闭合。用户在设计和绘制图形的过程中，往往需要分割曲线，从而达到更好的设计效果。

1. 连接曲线的5种方法

对于同一曲线对象上的两个节点，可以将它们连接为一个节点，此时，被连接的两个节点之间的线段就会闭合。

⚫ 属性按钮1：使用"形状工具"，按住【Shift】键，选取要连接的两个节点，或者用鼠标拖动框选需要连接的两个节点，单击其属性栏中的"连接两个节点"按钮 🔳，所选的两个节点被连接，曲线闭合，原来的填充图自动恢复，如图4-52所示。

图4-52 连接曲线前后效果对比

- 属性按钮2：使用"形状"工具选择节点，单击其属性栏中的"延长曲线使之闭合"按钮 ，延长曲线，连接节点。
- 属性按钮3：单击其属性栏中的"闭合曲线"按钮 ，所选的节点会自动闭合。
- 快捷菜单：单击鼠标右键，在弹出的快捷菜单中，选择"自动闭合"或"连接"命令。
- 鼠标拖动：使用"形状"工具在曲线的节点上单击，并按住鼠标左键拖动至另一节点，鼠标指针呈 形状时，释放鼠标，也可连接节点。

2．分割曲线的两种方法

若两个节点是之前从一个节点处分割开的，并且分割之前的对象内部有填充，那么，这两个节点重新连接之后，对象内部的填充会被自动恢复。

- 选取工具箱中的"形状"工具，选中要分割的节点，再单击其属性栏中的"分割曲线"按钮 ，即可将闭合的图形分割，如图4-53所示。

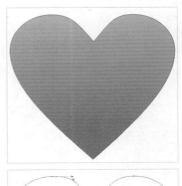

图4-53 分割曲线前后效果对比

- 快捷菜单：单击鼠标右键，在弹出的快捷菜单中，选择"拆分"命令。

4.5.4 转换直线为曲线

选取工具箱中的"形状"工具，选中曲线上的一个节点，并单击其属性栏中的"转换直线为曲线"按钮 ，即可将该节点与顺时针方向相邻节点之间的线条转换为曲线，两个节点中间出现两个控制点，将鼠标指针放到曲线上单击并拖动鼠标，即可修改曲线的形状。如图4-54所示为将直线转换为曲线并调节曲线前后的效果对比。

图4-54 直线转换为曲线前后效果对比

 专家指点

选取工具箱中的"形状"工具，单击其属性栏中的"转换曲线为直线"按钮，可以将当前节点与顺时针方向相邻节点之间的曲线转换为直线，两个节点之间的控制点也将消失。

4.5.5 节点的3种类型

节点影响图形的形状，在调整曲线图形时，可以通过改变节点属性改变图形形状。曲线上的节点分为对称、平滑和尖突3种类型。

- 对称节点：使用"贝塞尔"工具和"钢笔"工具创建的曲线中的节点默认都是"对称节点"。这种节点两边的控制线在一条直线上，并且长度是相等的，如图4-55所示。

图4-55 对称节点

- 平滑节点：选取工具箱中的"形状"工具，选中一个节点，单击其属性栏中的"平滑节点"按钮，即可将该节点转换成平滑节点，该种节点两侧的控制线也在一条直线上，但是长度不相等。使用鼠标指针拖动节点的控制点到合适位置，即可改变曲线的形状，如图4-56所示。

- 尖突节点：选取工具箱中的"形状"工具，

选中曲线上的一个对称节点，单击其属性栏中的"尖突节点"按钮，可以将该节点转换成尖突节点。这种节点两边的控制线可以不在一条直线上，程度也可以不相等。使用鼠标拖动节点的控制柄到合适位置，即可改变节点之间曲线段的形状。

图4-56 改变曲线形状

专家指点

用户在绘制曲线的过程中，按住【Alt】键拖动鼠标即可移动节点；若按住【C】键拖动鼠标，即可将平滑节点转换为尖突节点；若按住【S】键拖动鼠标，即可将对称节点转换为尖突节点，或者将平滑节点转换为对称节点。

4.5.6 对齐多个节点

将多个节点水平对齐或者垂直对齐，可以利用属性栏来实现，下面介绍具体的操作步骤。

通过对齐多个节点完成花瓣的绘制

素材：光盘\素材\第4章\花瓣绘制.cdr　效果文件：光盘\效果\第4章\花瓣绘制.cdr、花瓣绘制.jpg　视频：光盘\视频\第4章\4.5.6 对齐多个节点.mp4

STEP 01 按【Ctrl+O】组合键，打开一个项目文件，如图4-57所示，在工具箱中选取"形状"工具。

STEP 02 在绘图区域内，选取曲线对象，按住【Shift】键，然后依次单击要对齐的所有节点，如图4-58所示。

图4-57 打开一个项目文件

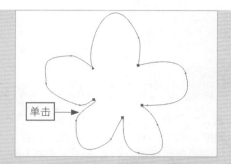

图4-58 单击要对齐的所有节点

STEP 03 在其属性栏上单击"对齐节点"按钮 ，如图4-59所示。

STEP 04 弹出"节点对齐"对话框，分别选中"水平对齐"和"垂直对齐"复选框，如图4-60所示。

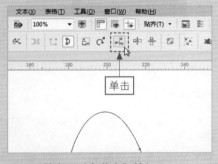

图4-59 单击"对齐节点"按钮

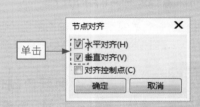

图4-60 选中相应复选框

STEP 05 单击"确定"按钮，即可得到对齐效果，如图4-61所示。

图4-61 得到对齐效果

[4.6 美化与处理图形轮廓线

对于在CorelDRAW X7中创建的每一个图形对象，都可以用各种不同的方法处理其轮廓线，例如，修改轮廓线的颜色，以及调整开放路径轮廓端点形状等。通常情况下，轮廓线是对象最外面的部分，也就是对象的路径，对轮廓线进行设置和填充能使绘制的图形变得更加丰富，效果更明显。本节主要介绍图形轮廓线的美化和处理。

 4.6.1 认识"轮廓颜色"对话框

如果在绘图窗口找不到所需要的颜色，可以使用"轮廓颜色"对话框设置轮廓线条的颜色。首先选中需要改变轮廓颜色的对象，然后按住工具箱中的"轮廓笔"工具 不放，在弹出的工具组中选取"轮廓色"工具 ，弹出"轮廓颜色"对话框，在对话框中设置轮廓线的颜色，如图4-62所示。

通过在相应的数值框中输入数值，或调节数值框右侧的滑块来设置轮廓的颜色，设置完成后单击"确定"按钮即可。

图4-62 "轮廓颜色"对话框

 4.6.2 设置轮廓颜色

使用调色板是最快速的设置轮廓颜色的方法，也是最常用的方法，下面介绍通过调色板来设置轮廓线条颜色的操作方法。

应用案例 通过设置轮廓颜色制作蜘蛛结网效果

素材：光盘\素材\第4章\蜘蛛结网.cdr　效果文件：光盘\效果\第4章\蜘蛛结网.cdr、蜘蛛结网.jpg　视频：光盘\视频\第4章\4.6.2 设置轮廓颜色.mp4

STEP 01 按【Ctrl+O】组合键，打开一个项目文件，在绘图区域内，选中要改变颜色的对象，如图4-63所示。

STEP 02 在调色板中的深褐色色块上，单击鼠标右键，即可为图形对象设置轮廓颜色，如图4-64所示。

图4-63 选中要改变颜色的对象

图4-64 设置轮廓颜色

STEP 03 ❶还可以按住鼠标左键不放将颜色块拖到轮廓上，当鼠标指针变为 ▲□时，❷释放鼠标左键即可快速填充轮廓颜色，如图4-65所示。

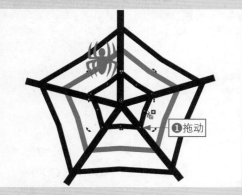

图4-65 快速填充轮廓颜色

 专家指点

在 CorelDRAW X7 中，可以同时选中多个对象，在调色板中的色块上单击鼠标右键，为选中对象设置相同的轮廓颜色。

 4.6.3 清除轮廓

清除轮廓操作能够删除图形对象的轮廓，其方法有以下两种：

🔘 在调色板中的╳按钮上单击鼠标右键，即可删除图形对象的轮廓。

🔘 按住工具箱中的"轮廓笔"工具不放，在弹出的工具组中选取"无轮廓"╳。

选中要清除轮廓的对象，使用上述两种方法均可，当对象轮廓的宽度、颜色不同时，清除轮廓的前后效果也不同，如图4-66所示。

图4-66 清除轮廓的前后效果对比

 4.6.4 将轮廓转换为对象

在CorelDRAW X7中，用户可以将轮廓转换为对象进行编辑，下面介绍将轮廓转换为对象的操作方法。

应用案例 将轮廓转换为对象

素材：光盘\素材\第4章\动物园吉祥物.cdr　效果文件：光盘\效果\第4章\动物园吉祥物.cdr、动物园吉祥物.jpg　视频：光盘\视频\第4章\4.6.4　将轮廓转换为对象.mp4

STEP 01 按【Ctrl+O】组合键，打开一个项目文件，在绘图区域内，选中要将轮廓转换为对象的图形对象，如图4-67所示。

STEP 02 选择"对象"|"将轮廓转换为对象"命令，如图4-68所示。

图4-67 选中图形对象

图4-68 选择相应命令

STEP 03 此时对象的轮廓即被转换为新的对象了，如图4-69所示，而且转换的新对象与原来的对象的轮廓属性均为"无"。

STEP 04 用户还可以再设置新的轮廓，转换的新对象同其他的对象一样，可以设置各种属性，如图4-70所示。

图4-69 将轮廓转换为对象

图4-70 设置新对象的轮廓属性

[4.7 专家支招

　　轮廓是指包围对象的曲线，是对象最外围的部分。在CorelDRAW X7中，创建的对象通常都有默认的轮廓属性。为了适应不同的需求，常常需要改变对象的轮廓属性，其中包括轮廓的颜色、宽度、边角形状，以及轮廓线样式和箭头形状等。

　　在CorelDRAW X7中，应用"轮廓笔"工具组中的工具可以改变对象轮廓的宽度、轮廓线样式、箭头样式及边角形状等。单击工具箱中的"轮廓笔"工具 ，右下角的三角形，弹出"轮廓笔"工具组，如图4-71所示。

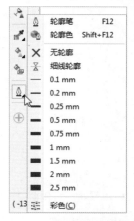

图4-71　"轮廓笔"工具组

[4.8 总结扩展

　　要想熟练地使用CorelDRAW X7，必须掌握"手绘"工具、"贝塞尔"工具、"钢笔"工具、"2点线"工具、"B样条"工具、"智能绘图"工具及"3点曲线"工具等绘图工具的操作技巧，从而才能得心应手地设计出更多、更好的作品。

本章小结

　　通过学习本章内容，用户可以掌握运用"手绘"工具绘制直线和曲线、运用"贝塞尔"工具绘制直线和曲线、运用"钢笔"工具绘制直线和曲线、移动节点、添加和删除节点、连接和分割曲线、转换直线为曲线、设置轮廓颜色、清除轮廓及将轮廓转换为对象等知识点，可以帮助用户熟练地掌握轮廓线条的绘制与调整。

举一反三——改变轮廓的形状

　　改变轮廓的形状包括改变轮廓的宽度、轮廓的样式和边角形状等。用户可以根据需要对其进行设置，下面介绍具体的操作步骤。

举一反三——改变轮廓的形状
素材：光盘\素材\第4章\蓝色旗帜.cdr　效果文件：光盘\效果\第4章\蓝色旗帜.cdr、蓝色旗帜.jpg　视频：光盘\视频\第4章\4.8.2 举一反三——改变轮廓的形状.mp4

STEP 01 按【Ctrl+O】组合键，打开一个项目文件，如图4-72所示。

STEP 02 在绘图区域内，选中需要改变轮廓形状的图形对象，如图4-73所示。

STEP 03 在空白位置单击鼠标右键，在弹出的快捷菜单中，选择"对象属性"命令，如图4-74所示。

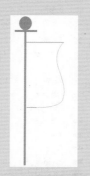

图4-72 打开一个项目文件

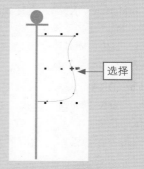

图4-73 选择图形对象

STEP 04 展开"对象属性"泊坞窗，单击"轮廓宽度"右侧的下拉按钮，在弹出的下拉列表中，选择0.75mm，如图4-75所示。

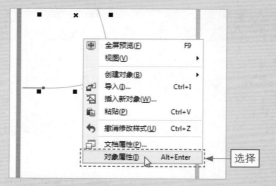

图4-74 选择"对象属性"命令

图4-75 选择0.75mm

STEP 05 然后单击"线条样式"右侧的下拉按钮，在弹出的下拉列表中，选择第一个样式选项，如图4-76所示。

STEP 06 设置完成后，即可改变轮廓的形状，最终效果如图4-77所示。

图4-76 选择第一个样式选项

图4-77 查看最终效果

第5章　编辑图形：简单操作矢量图形对象

在CorelDRAW X7中，编辑图形对象的基本操作主要包括选择、移动、缩放、复制、再制、旋转、倾斜、镜像、分割、删除和撤销与重做对象等，本章主要介绍如何精确地调整与编辑对象。

本章学习重点

- 选择图形对象的方法
- 调整对象位置的方法
- 缩放对象的方法
- 复制图形对象的操作
- 旋转、倾斜与镜像对象
- 分割、擦除、删除对象
- 自由变换图形对象
- 撤销与重做对象

[5.1] 选择图形对象的方法

在绘图页面中，在改变任何对象之前，都必须先将其选定。在CorelDRAW X7中，可以选择单一对象或者多个对象，选择对象的数量不同，所使用的选择方法也不同。

5.1.1　选择单一对象

选取工具箱中的"选择工具"，在对象上单击，即可选择对象，如图5-1所示。

图5-1　选择单一对象

5.1.2　选择多个对象

在操作过程中，若要将多个对象一起进行操作，必须先选择多个对象。

选择多个对象有4种方法。

 鼠标单击：选取工具箱中的"选择工具"，在一个图形上单击，按住【Shift】键，单击其他图形，即可选定多个对象，如图5-2所示。被选择的多个对象被视为一个整体，进行的各种操作也将作用于这个整体。

专家指点

用户在选择多个对象时，若要撤销其中一个对象的选择，可以按住【Shift】键，再单击鼠标左键，即可以撤销对该对象的选择。

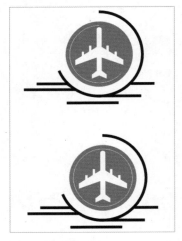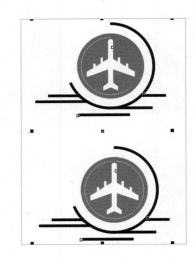

图5-2 选择多个对象

🔵 鼠标拖动：用户若要一次选择多个对象，可以使用鼠标拖动的方法选择对象，选取工具箱中的"选择工具"，在绘图页面中被选择对象的合适位置按住鼠标左键不放并拖动，此时出现一个虚线框，如图5-3所示，释放鼠标，即可选择多个对象。

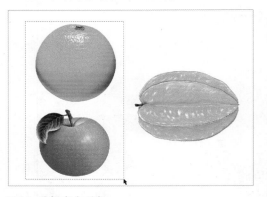

图5-3 选择多个对象

🔵 菜单命令：选择"编辑"|"全选"命令，可以选择绘图页面中的全部对象。

🔵 快捷键：按【Ctrl + A】组合键，可选择绘图页面中的全部对象。

 5.1.3 从群组中选择一个对象

在操作过程中，通常需要选择群组中的一个对象进行编辑和调整等操作。下面介绍操作步骤。

 从群组中选择一个对象

素材：光盘\素材\第5章\企业logo.cdr　　效果文件：光盘\素材\第5章\
视频：光盘\视频\第5章\5.1.3 从群组中选择一个对象.mp4

STEP 01 按【Ctrl+O】组合键，打开一个项目文件，如图5-4所示。

STEP 02 选取工具箱中的"选择工具"，如图5-5所示。

图5-4 打开一个项目文件　　　　　　　　　　　　　　图5-5 选取"选择工具"

STEP 03 按住【Ctrl】键的同时，单击对象，可以选择群组中的图形对象，如图5-6所示。

图5-6 选取群组中的对象

 专家指点

从群组中选择一个对象之后，该对象四周出现的8个控制柄是圆点，而不是方点，说明该对象是跟其他对象群组在一起的。

 5.1.4　　**选择隐藏对象**

若要选择重叠对象中隐藏的对象，选取工具箱中的"选择工具"，按住【Alt】键的同时，在隐藏对象所在位置单击，即可选择隐藏的对象。

 5.1.5　　**全选对象**

若要选取绘图页面中的所有对象，有4种方法。

● 鼠标单击：选取工具箱中的"选择工具"，在一个图形上单击，按住【Shift】键的同时，依次单击其他对象，即可全选对象，如图5-7所示。

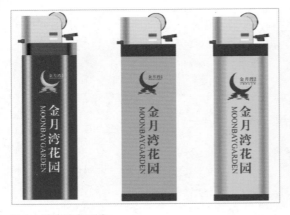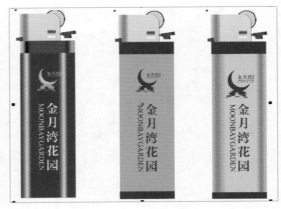

图5-7 选定全部对象

🔘 鼠标框选：一次选中全部对象，可以使用鼠标拖动的方法，选取工具箱中的"选择工具"，在绘图页
　面中被选择对象的合适位置按住鼠标左键拖动，此时出现一个虚线框，框选所有的对象，释放鼠标，
　即可选中全部对象，如图5-8所示。

图5-8 框选全部对象

🔘 菜单命令：选择"编辑"|"全选"命令。

🔘 快捷键：按【Ctrl＋A】组合键。
　运用以上4种方法，都可以选择全部对象。

 ## 利用泊坞窗选择对象

　　"对象管理器"泊坞窗的主要功能是管理和控制绘图页面中的对象、群组和图层。运用"对象管理器"泊坞窗可以切换绘图页面，可以选取、排序、删除图层中的对象等。

　　选择"窗口"|"泊坞窗"|"对象管理器"命令，弹出"对象管理器"泊坞窗，如图5-9所示。在该泊坞窗的中间位置，显示的是当前绘图窗口的树状目录，树状目录中列出了绘图窗口中的所有页面、页面中的所有图层及图层中的所有群组和对象信息。

🔘 在"对象管理器"泊坞窗中，展开"图层1"面板，单击树状目录中的任意对象图层，即可选择该对象。

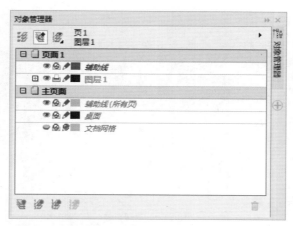

图5-9 "对象管理器"泊坞窗

- 在树状目录中选取了其中一个对象图层以后，按住【Shift】键，单击另一个对象图层，即可同时选中两个对象图层之间的对象。

- 在树状目录中选取一个对象图层，并在按住【Ctrl】键的同时，单击其他对象图层，则可同时选中多个对象。

- 在选取了一个或者多个对象以后，单击"对象管理器"泊坞窗右下角的"删除"按钮 🗑，即可将选中的所有对象删除。

📶 专家指点

用户若想将处于锁定状态的对象删除，选择"排列"|"解除锁定对象"命令，将其解除锁定才可以删除对象。

[5.2 调整对象位置的方法

在设计平面作品时，无论是绘制的图形、输入的文本，还是导入的位图，几乎都需要调整它们的位置。移动对象可以运用鼠标、属性栏、方向键和"变换"泊坞窗，还可以将对象移动到另一页。

5.2.1 运用鼠标移动对象

在绘图页面，运用鼠标可以移动对象。下面介绍如何运用鼠标移动文字对象。

运用鼠标移动对象
素材：光盘\素材\第5章\开心果糕.cdr 效果文件：光盘\效果\第5章\开心果糕.cdr、
开心果糕.jpg 视频：光盘\视频\第5章\5.2.1 运用鼠标移动对象.mp4

STEP 01 按【Ctrl+O】组合键，打开一个项目文件，如图5-10所示。

STEP 02 选取工具箱中的"选择工具"，选择"开心果糕"文字对象，如图5-11所示，将鼠标指针移至对象中心位置，鼠标指针会呈 ✥ 形状。

STEP 03 此时，按住鼠标左键拖动，即可移动对象的位置，最终效果如图5-12所示。

图5-10 打开一个项目文件

图5-11 选择文字对象

图5-12 最终效果

专家指点

若在按住鼠标左键移动对象的同时，按住【Ctrl】键，可以使对象沿垂直或水平方向移动。对象在被移动的过程中，通常只显示对象的轮廓，而不显示具体的图像；若所移动的是导入的位图对象，则在被移动的过程中显示为方形，如图5-13所示。

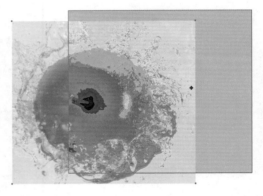

图5-13 移动位图

5.2.2 运用属性栏移动对象

运用属性栏移动对象，能使对象精确地固定在某一位置，下面介绍运用属性栏移动对象的操作步骤。

应用案例 运用属性栏移动对象

素材：光盘\素材\第5章\圣诞装饰.cdr 效果文件：光盘\效果\第5章\圣诞装饰.cdr、圣诞装饰.jpg 视频：光盘\视频\第5章\5.2.2 运用属性栏移动对象.mp4

STEP 01 按【Ctrl+O】组合键，打开一个项目文件，如图5-14所示。

STEP 02 选取工具箱中的"选择工具"，选择需要移动的对象，如图5-15所示。

STEP 03 在属性栏中的"对象的位置"数值框中，输入坐标位置：X为105.0mm、Y为205.0mm，如图5-16所示。

图5-14 打开一个项目文件

图5-15 选择需要移动的对象

 输入完成后，即可查看利用属性栏移动对象后的效果，如图5-17所示。

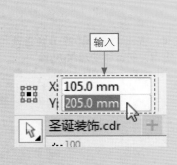

图5-16 输入坐标位置

图5-17 最终效果

5.2.3 运用方向键移动对象

使用鼠标拖动的方法移动对象比较方便，但是，若想在水平或垂直方向上将对象稍微拖动一段很小的距离，就比较困难了。此时，可以使用键盘上的方向键来微调对象的位置。

使用"选择工具"选择要微移的文字对象1，根据移动的方向，按键盘上相应的向键即可。如图5-18所示为运用方向键移动字体前后的效果对比。

在默认情况下，CorelDRAW X7预设的微调距离是2.45mm，即每按一下方向键，所选的对象就移动2.45mm，若要设置这个微调距离，可以通过"选项"对话框完成，下面对微调距离设置进行举例说明。

图5-18 运用方向键移动文字

应用案例

运用方向键移动对象

素材：光盘\素材\第5章\双色齿轮.cdr　效果文件：光盘\效果\第5章\双色齿轮.cdr、
双色齿轮.jpg　视频：光盘\视频\第5章\5.2.3 运用方向键移动对象.mp4

STEP 01 按【Ctrl+O】组合键，打开一个项目文件，如图5-19所示，用"选择工具"在绘图页内选择蓝色齿轮。

STEP 02 选择"工具"|"选项"命令，弹出"选项"对话框，如图5-20所示。

图5-19 打开一个项目文件　　　　　　　图5-20 "选项"对话框

STEP 03 在该对话框的左侧列表中，依次展开"文档"|"标尺"选项，如图5-21所示。

STEP 04 对话框右侧显示"微调"数值框，❶在"微调"右侧的数值框中输入参数值3，❷单击"确定"按钮即可，如图5-22所示。

图5-21 展开"标尺"选项设置界面　　　　图5-22 单击"确定"按钮

 专家指点

在绘图页面的空白位置单击，在工具属性栏中的"微调距离"微调框
中也可以设置其微调距离。

5.2.4 运用"变换"泊坞窗定位对象

使用"选择工具"选择卡漫人物对象，选择"对象"|"变
换"|"位置"命令，弹出"变换"泊坞窗，如图5-23所示。

在该泊坞窗的"位置"选项区内有X、Y两个微调框，用于确
定锚点在水平坐标和垂直坐标上的位置，输入相应的数值，单击
"应用"按钮，即可改变对象的位置，如图5-24所示。

图5-23 "变换"泊坞窗

图5-24 改变对象的位置

5.2.5 移动对象到另一页

在使用CorelDRAW X7进行设计的过程中，文件并非只有一个页面，可以将对象从一个页面移动到另
一个页面。将对象移动到另一个页面，起关键作用的是绘图窗口下方的页码标签。

应用案例

移动对象到另一页

素材：光盘\素材\第5章\可爱小孩1.cdr、可爱小孩2.cdr　效果文件：光盘\效果\第5章\
可爱小孩.cdr、可爱小孩.jpg　视频：光盘\视频\第5章\5.2.5 移动对象到另一页.mp4

STEP 01 按【Ctrl+O】组合键，分别打开两个项目文件，如图5-25所示。

图5-25 打开两个项目文件

STEP 02 使用"选择工具"选中卡通对象，将其拖动到绘图窗口下方另一页的标签上，如图5-26所示。

图5-26 将对象拖到另一页面标签上

STEP 03 按住鼠标左键不放，将卡通对象拖动到页面上，释放鼠标即可将卡通对象移动至另一个页面上，如图5-27所示。

图5-27 将对像移动至另一个页面

专家指点

在移动一个对象到另一个页面的过程中，当拖动到页码标签上时，不能释放鼠标左键，只有拖回页面之后才能释放鼠标左键，完成移动对象的操作。在移动一个对象到另一个页面的过程中，当将对象从页码标签拖回页面之后，若单击鼠标右键，就会在另一个页面复制对象，而原对象仍然在原来的页面上保持不变。

5.3 缩放对象的方法

在CorelDRAW X7中，任何设计对象都可以被调整大小和缩放，当要调整对象的大小或者缩放对象时，可以通过属性栏设置调整对象，也可以拖动控制柄进行调整或在相应的泊坞窗中完成操作。

 运用属性栏调整对象

用户在绘制规定尺寸的图形时，若要精确调整对象的宽度和高度，可以通过在属性栏设置对象的大小来完成绘制。

应用案例 **运用属性栏调整对象**

素材：光盘\素材\第5章\资料袋.cdr 效果文件：光盘\效果\第5章\资料袋.cdr、资料袋.jpg 视频：光盘\视频\第5章\5.3.1 运用属性栏调整对象.mp4

STEP 01 按【Ctrl+O】组合键，打开一个项目文件，如图5-28所示。

STEP 02 选取工具箱中的"选择工具"，在绘图页面中选择需要调整的图形对象，如图5-29所示。

STEP 03 在属性栏中的"对象大小"数值框中，分别输入宽、高参数值：160.0mm、250.0mm，如图5-30所示。

STEP 04 输入完成后，即可改变对象大小，效果如图5-31所示。

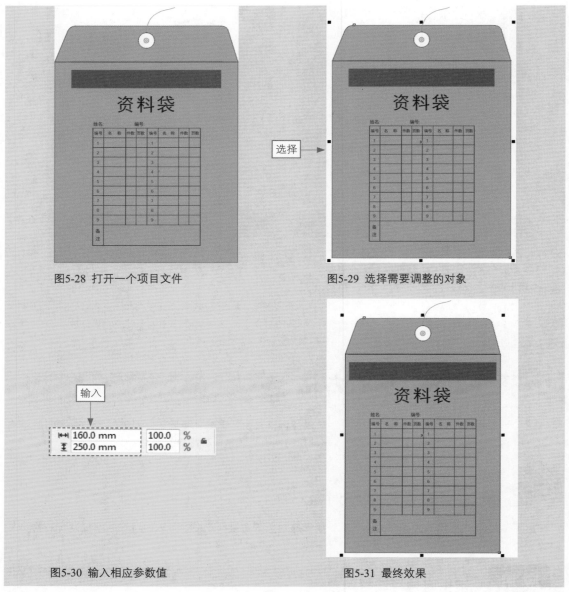

图5-28 打开一个项目文件

图5-29 选择需要调整的对象

图5-30 输入相应参数值

图5-31 最终效果

通过拖动控制柄调整对象

选取工具箱中的"选择工具"选择插画对象，将鼠标指针放至对象四周的控制柄上，当鼠标指针呈
↖形状时，按住鼠标拖动，可以等比例缩放对象；将鼠标指针放在对象中间的控制点上，当鼠标指针呈
↔或↕形状时，按住鼠标拖动可以调整对象的宽度和高度。

 专家指点

在缩放对象的同时按住【Shift】键，任意拖动四周的控制柄，可以从对象中心调整所选对象的大小。

按住【Ctrl】键的同时，拖动其中一个角的控制柄，可以将所选对象调整为原始大小的倍数。

按住【Alt】键的同时，拖动其中一个角的控制柄，可以在调整对象大小时按固定点缩放对象。

如图5-32所示为拖动控制柄调整对象大小的效果。

原图像

等比例缩放图像

调整图像宽度

调整图像高度

图5-32 拖动控制柄调整对象

 5.3.3 **精确缩放对象**

在CorelDRAW X7中的"变换"泊坞窗中，用户可以指定百分比来缩小或放大对象，即可以只缩放对象的宽度和高度，也可以按百分比同时缩放对象的宽度和高度。下面介绍如何精确地缩放对象。

 精确缩放对象

素材：光盘\素材\第5章\售楼广告.cdr　效果文件：光盘\效果\第5章\售楼广告.cdr、售楼广告.jpg　视频：光盘\视频\第5章\5.3.3 精确缩放对象.mp4

STEP 01 按【Ctrl+O】组合键，打开一个项目文件，如图5-33所示。

STEP 02 选取工具箱中的"选择工具"，在绘图页面中选择需要调整的图形对象，如图5-34所示。

图5-33 打开一个项目文件

图5-34 选择需要调整的对象

STEP 03 在菜单栏中，选择"对象"|"变换"|"大小"命令，弹出"变换"泊坞窗，如图5-35所示。

STEP 04 在设置对象的宽度数值框中，输入X的参数值291.0mm，如图5-36所示。

图5-35 弹出"变换"泊坞窗

图5-36 输入参数值

STEP 05 单击"应用"按钮，或者按【Enter】键，即可缩放对象，如图5-37所示。

图5-37 缩放对象

5.4 复制图形对象的操作

若用户在绘图过程中，需要两个或多个相同的图形，无须重新绘制，可以通过复制、再制及克隆等命令复制该对象。

5.4.1 剪切对象

对于剪切对象的操作，可以在同一个绘图页面中剪切对象，也可以将对象从一个绘图页面剪切到另一个绘图页面。

剪切对象有4种方法。

● 菜单命令：选择"编辑"|"剪切"命令。

● 快捷键：按【Ctrl+X】组合键。

● 属性按钮：单击属性栏中的"剪切"按钮✂。

● 快捷菜单：单击鼠标右键，在弹出的快捷菜单中选择"剪切"命令。

运用以上4种方法，都可以剪切对象。如图5-38所示为将一个草莓对象从绘图页面中剪切后的效果。

图5-38 剪切对象

5.4.2 复制与粘贴对象

"复制"命令在绘图过程中通常是用得比较多的，在CorelDRAW X7中，可以利用多种方法复制对象，如使用菜单命令、属性栏和键盘等。

1. 运用菜单命令复制对象

若用户需要在原位置复制对象，不改变复制对象的位置，可以使用菜单命令。下面介绍运用菜单命令复制对象的操作方法。

复制对象（1）
素材：光盘\素材\第5章\小草莓.cdr　效果文件：光盘\效果\第5章\小草莓.cdr、小草莓.jpg　视频：光盘\视频\第5章\5.4.2 复制对象（1）.mp4

STEP 01 按【Ctrl+O】组合键，打开一个项目文件，如图5-39所示。

STEP 02 选取工具箱中的"选择工具"，在绘图页面中选择需要复制的草莓对象，如图5-40所示。

图5-39 打开一个项目文件

图5-40 选择需要复制的草莓对象

STEP 03 选择"编辑"|"复制"命令，如图5-41所示，复制对象至剪贴板上。

STEP 04 选择"编辑"|"粘贴"命令，即可将复制的对象粘贴至绘图页面，在绘图页面内旋转对象并改变其位置，即可完成操作，最终效果如图5-42所示。

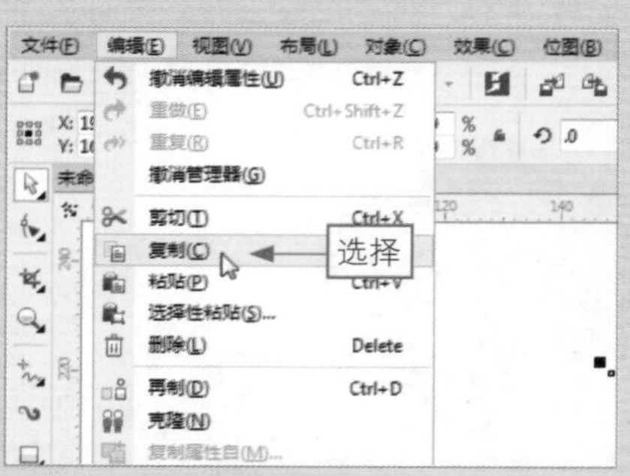

图5-41 选择"复制"命令

图5-42 最终效果

2．运用快捷键复制对象

选择要复制的对象，按【Ctrl＋C】组合键，复制对象，再按【Ctrl＋V】组合键，即可粘贴对象。

3．运用鼠标拖动的方法复制对象

若用户想要将对象复制到其他位置，可以利用鼠标拖动的方法。

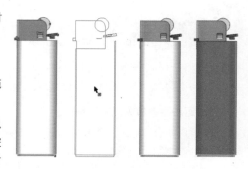

使用"选择工具"，选择要复制的打火机对象，将鼠标指针放至对象的中心标志上，当鼠标指针呈✤形状时，按住鼠标左键拖动，在页面中的适当位置单击鼠标右键，此时对象上出现标志，释放鼠标即可。如图5-43所示为运用鼠标拖动的方法复制对象并设置颜色后的效果。

图5-43 复制对象

专家指点

在按住鼠标左键移动对象的同时，按住【Ctrl】键，可使对象在垂直或水平方向移动。

用户在使用通过鼠标拖动的方法复制对象时，也可以按住鼠标右键拖动对象至合适位置，释放鼠标右键后将弹出快捷菜单，在该快捷菜单中选择"复制"命令，如图5-44所示，也可复制对象。

图5-44 选择"复制"命令

4．运用工具栏中的按钮复制对象

在CorelDRAW X7中，用户在标准工具栏中单击相应的复制按钮，也能在原位置复制对象，下面介绍运用工具栏中的按钮复制对象的操作方法。

应用案例 复制对象（2）

素材：光盘\素材\第5章\竖旗广告.cdr　效果文件：光盘\效果\第5章\竖旗广告.cdr、竖旗广告.jpg　视频：光盘\视频\第5章\5.4.2 复制对象（2）.mp4

STEP 01 按【Ctrl+O】组合键，打开一个项目文件，如图5-45所示。

STEP 02 选取工具箱中的"选择工具"，在绘图页面中选择需要复制的图形对象，如图5-46所示。

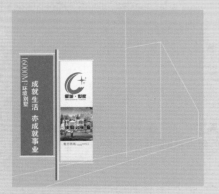

图5-45 打开一个项目文件

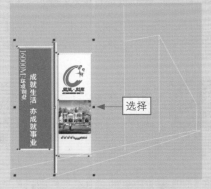

图5-46 选择需要复制的图形对象

STEP 03 在标准工具栏中单击"复制"按钮 ，复制图形对象至剪贴板上，再单击标准工具栏中的"粘贴"按钮 ，粘贴复制的对象即可，如图5-47所示。

STEP 04 执行操作后，移动复制的对象并缩小对象，然后设置填充颜色，效果如图5-48所示。

图5-47 单击"粘贴"按钮

图5-48 最终效果

5．运用【＋】键复制对象

使用键盘上的【＋】键复制对象是一个十分方便、快捷的方法。

使用工具箱中的"选择工具"，选择要复制的图形对象，按键盘上的【＋】键，即可复制对象，每按一次该键即可复制一个对象，复制的对象与被复制的对象重合。如图5-49所示为复制对象后，旋转对象并改变对象位置的效果。

图5-49 复制对象

5.4.3 再制图形对象

再制是一种特殊的复制功能，与复制不同的是："复制"是将对象先放在剪贴板中，然后再通过粘贴功能得到复制的对象；而"再制"功能是直接得到复制对象，不经过剪贴板。下面介绍具体的操作步骤。

> **应用案例**
> **再制图形对象**
> 素材：光盘\素材\第5章\红色吊牌.cdr　效果文件：光盘\效果\第5章\红色吊牌.cdr、红色吊牌.jpg　视频：光盘\视频\第5章\5.4.3 再制图形对象.mp4

STEP 01 按【Ctrl+O】组合键，打开一个项目文件，如图5-50所示。

STEP 02 选取工具箱中的"选择工具"，在绘图页面中选择需要再制的图形对象，如图5-51所示。

选择 →

图5-50 打开一个项目文件　　　　图5-51 选择需要再制的图形对象

STEP 03 在菜单栏中选择"编辑"|"再制"命令，弹出"再制编辑"对话框，单击"确定"按钮，即可再制图形，如图5-52所示。

STEP 04 默认情况下，再制的对象位于原对象右上方，因此无须移动对象，即可看到复制的对象，效果如图5-53所示。

图5-52 选择"再制"命令

图5-53 最终效果

5.4.4 选择性粘贴对象

通常情况下，放在剪贴板中的对象不止一个，这些对象的类型也不一样，包括矢量图、段落文本和位图等。

使用粘贴操作不能改变对象的类型，若在剪贴板中的是位图，那么粘贴之后的还是位图。也就是说，剪贴板中的对象是什么类型的，那么粘贴之后还是什么类型的。

若用户希望粘贴的对象不是以前的类型，如位图或CorelDRAW X7对象等类型，可以通过选择性粘贴来实现，下面介绍选择性粘贴对象的操作步骤。

应用案例

选择性粘贴对象

素材：光盘\素材\第5章\小盆栽.cdr　效果文件：无
视频：光盘\视频\第5章\5.4.4 选择性粘贴对象.mp4

STEP 01 新建一个空白文件，在文件夹中复制一幅素材图像，如图5-54所示。

STEP 02 在菜单栏中选择"编辑"|"选择性粘贴"命令，如图5-55所示。

STEP 03 弹出"选择性粘贴"对话框，在该对话框中的"作为"列表框中选择粘贴类型，如图5-56所示。

图5-54 复制一幅素材图像

图5-55 选择"选择性粘贴"命令

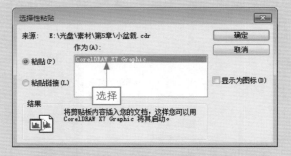

图5-56 "选择性粘贴"对话框

STEP 04 单击"确定"按钮,即可粘贴所选的图形类型。

5.4.5 克隆图形对象

在CorelDRAW X7的菜单栏中选择"编辑"|"克隆"命令,可以在绘图页面直接克隆一个图形对象,其操作方法与"再制"命令的操作方法大致相同。下面介绍克隆图形对象的操作步骤。

克隆图形对象

素材:光盘\素材\第5章\服装设计.cdr 效果文件:光盘\效果\第5章\服装设计.cdr、
服装设计.jpg 视频:光盘\视频\第5章\5.4.5 克隆图形对象.mp4

STEP 01 按【Ctrl+O】组合键,打开一个项目文件,如图5-57所示。

STEP 02 选取工具箱中的"选择工具",在绘图页面中选择需要克隆的图形对象,效果如图5-58所示。

图5-57 打开一个项目文件

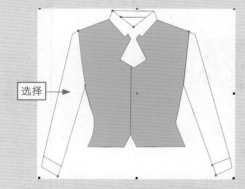

图5-58 选择需要再制的图形对象

STEP 03 在菜单栏中选择"编辑"|"克隆"命令,如图5-59所示。

STEP 04 在默认情况下,克隆对象位于原对象右上方,效果如图5-60所示。

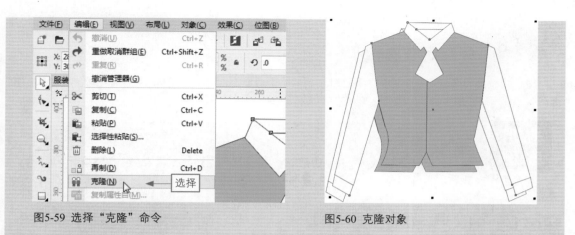

图5-59 选择"克隆"命令　　　　　　　　　　图5-60 克隆对象

STEP 05 移动克隆对象至合适的位置，选择黄色区域的对象，如图5-61所示。

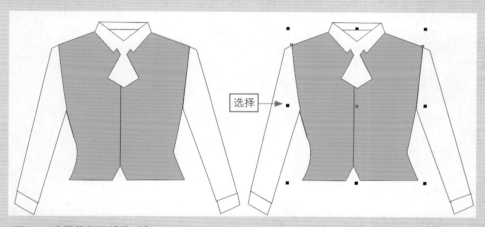

图5-61 选择黄色区域的对象

STEP 06 在"调色板"中单击紫色色块，为对象填充颜色，最终效果如图5-62所示。

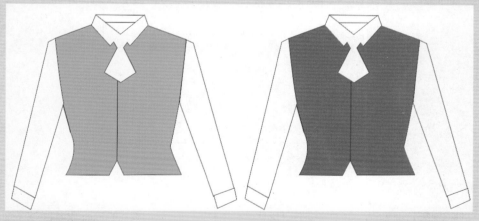

图5-62 最终效果

5.4.6 复制对象属性

复制对象属性是指将一个对象的属性复制到另一个对象上，可以被复制的属性包括填充、轮廓、轮廓色等，复制对象属性的具体操作步骤如下：

> **应用案例**
>
> **复制对象属性**
> 素材：光盘\素材\第5章\特制香烟.cdr　效果文件：光盘\效果\第5章\特制香烟.cdr
> 视频：光盘\视频\第5章\5.4.6　复制对象属性.mp4

STEP 01 按【Ctrl+O】组合键，打开一个项目文件，如图5-63所示。

STEP 02 选取工具箱中的"矩形工具"，在绘图页面中创建一个矩形，如图5-64所示。

图5-63 打开一个项目文件

图5-64 创建矩形

STEP 03 保持所创建矩形的选中状态，选择"编辑"|"复制属性自"命令，弹出"复制属性"对话框，在对话框中选中一个或多个复选框，如图5-65所示。

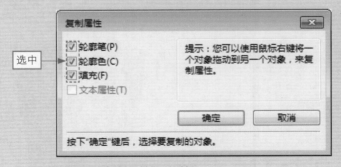

图5-65 "复制属性"对话框

STEP 04 单击"确定"按钮后，鼠标指针变为一个向右的黑色粗箭头，如图5-66所示。

STEP 05 将黑色箭头移到要被复制属性的对象上单击，此时被选中的对象已经具有与黑色箭头所指对象相同的轮廓色及填充色，如图5-67所示。

图5-66 鼠标指针变为黑色粗箭头　　　　　　图5-67 复制属性后的效果

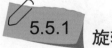 专家指点

在 CorelDRAW X7 中，复制对象属性对位图不起作用，使用时需要注意这一点。

【5.5 旋转、倾斜与镜像对象】

在CorelDRAW X7中绘图的过程中，经常需要旋转、倾斜和镜像对象。用户可以运用"选择工具""矩形工具""椭圆工具"等进行操作，也可以通过属性栏或相应的泊坞窗旋转对象和创建对象的镜像。

5.5.1 旋转对象

旋转对象的方法有3种，如使用鼠标拖动旋转控制手柄、使用属性栏及使用泊坞窗等。

1. 运用鼠标拖动旋转控制手柄

选取工具箱中的"选择工具"，双击要旋转的对象，显示控制柄，有旋转控制柄 ↗和倾斜控制柄 ↕两种，同时对象中心出现旋转中心控制柄 ⊙。将鼠标指针置于旋转控制柄上，当鼠标指针呈 ↻ 形状时，按住鼠标左键拖动，这时出现旋转对象的轮廓，如图5-68所示，释放鼠标即可旋转对象。如图5-69所示为旋转并复制对象，同时设置颜色后的效果。

图5-68 旋转对象的过程

图5-69 旋转并复制对象同时改变颜色

CorelDRAW X7默认的旋转中心是对象的中心点，用户可以根据需要随时改变旋转中心，在旋转中心控制点上按住鼠标左键拖动，释放鼠标即可改变中心控制点的位置。

2．运用泊坞窗旋转对象

使用"变换"泊坞窗，不仅可以指定横坐标和纵坐标旋转对象，而且可以将旋转中心移至特定的标尺点上，或者与对象当前位置相对应的点上。

雅怡花苑

素材：光盘\素材\第5章\雅怡花苑.cdr   效果文件：光盘\效果\第5章\雅怡花苑.cdr、雅怡花苑.jpg   视频：光盘\视频\第5章\5.5.1 旋转对象.mp4

STEP 01 按【Ctrl+O】组合键，打开一个项目文件，如图5-70所示。

STEP 02 选取工具箱中的"选择工具"，在绘图页面中选择需要旋转的图形对象，效果如图5-71所示。

图5-70 打开一个项目文件

图5-71 选择要旋转的图形对象

STEP 03 选择"对象"|"变换"|"旋转"命令，弹出"变换"泊坞窗，显示"旋转"选项卡，如图5-72所示。

STEP 04 取消选中"相对中心"复选框，在"角度"微调框内输入旋转角度；在"中心"选项组内的*X*和*Y*两个微调框中分别设置旋转中心的水平坐标和垂直坐标，设置各项参数，如图5-73所示。

图5-72 "变换"泊坞窗

图5-73 设置各项参数

STEP 05 单击"应用"按钮，即可旋转所选对象，如图5-74所示。

STEP 06 ❶在"变换"泊坞窗中，在"副本"右侧的数值框中输入4，❷单击"应用"按钮，如图5-75所示。

图5-74 旋转所选对象

图5-75 单击"应用"按钮

STEP 07 在原对象属性位置不变的情况下，再复制4个副本对象，并将变换参数应用至副本对象上，如图5-76所示。

STEP 08 然后为复制的副本对象设置颜色，最终效果如图5-77所示。

图5-76 将变换参数应用至副本对象上

图5-77 最终效果

3．运用属性栏旋转对象

使用"选择工具"选择要旋转的对象，在属性栏的"旋转角度"文本框中输入旋转的相应数值，如图5-78所示，按【Enter】键即可按所设置的角度旋转对象。

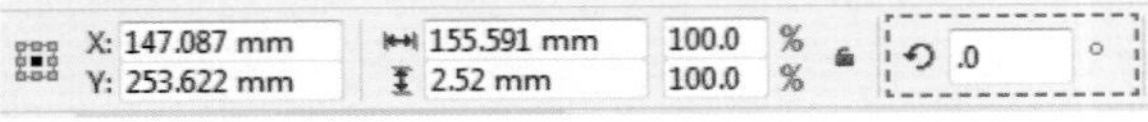

图5-78 "旋转角度"文本框

5.5.2 倾斜对象

通过倾斜对象可以将规则的图形加以变形，倾斜对象可以利用鼠标拖动或"变换"泊坞窗来完成。

1．运用鼠标拖动旋转控制柄

使用"选择工具"选择绘图页面中的DM分页对象，双击鼠标左键进入旋转状态以后，将鼠标指针放在中间的双向箭头上，当鼠标指针呈 ⇄ 或 ↕ 形状时，拖动鼠标，即可使对象发生倾斜变换。如图5-79所示为运用鼠标拖动将对象倾斜后的DM作品效果。

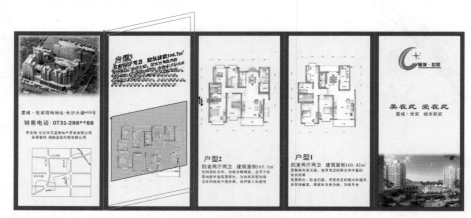

倾斜过程

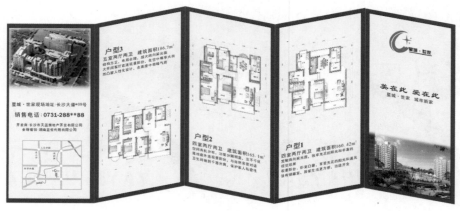

倾斜效果

图5-79 倾斜对象

2．运用泊坞窗倾斜对象

在绘图页面选择矩形图案对象，选择"对象"|"倾斜"命令，弹出"变换"泊坞窗，显示"倾斜"选项卡，如图5-80所示。

 专家指点

在"变换"泊坞窗中，若选中"使用锚点"复选框，并选中下方提供的相应复选框，也就相当于以选择对象的一个锚点为基准变换对象，单击"应用"按钮，即可变换对象。

在该对话框中的"倾斜"选项区中，在*X*和*Y*微调框中输入相应的数值，再单击"应用"按钮，即可将图形对象倾斜变形。如图5-81所示为运用"倾斜"变换对象后的效果。

图5-80 "变换"泊坞窗

图5-81 倾斜对象

5.5.3 镜像对象

镜像对象就是使对象从左到右或从上到下翻转，在默认情况下，镜像锚点位于对象中心，也可以选择对象的其他方位作为镜像锚点。制作镜像对象有3种方法。

1. 运用属性栏制作镜像对象

在CorelDRAW X7中，"水平镜像"功能的主要作用是以中心锚点为轴左右翻转对象；"垂直镜像"功能的主要作用是以中心锚点为轴上下翻转对象。下面介绍具体的操作方法。

运用属性栏镜像对象

素材：光盘\素材\第5章\可爱女孩.cdr　效果文件：无　视频：光盘\视频\第5章\5.5.3 运用属性栏镜像对象.mp4

STEP 01 按【Ctrl+O】组合键，打开一个项目文件，如图5-82所示。

STEP 02 选取工具箱中的"选择工具"，在绘图页面中选择要制作镜像效果的图形对象，如图5-83所示。

图5-82 打开一个项目文件

图5-83 选择图形对象

STEP
03
在属性栏上单击"水平镜像"按钮 <img>，即可制作水平镜像对象，如图5-84所示。

图5-84 水平镜像对象

STEP
04
用同样的方法，使用"选择工具"选择绘图页面中要镜像的卡通人物对象，在属性栏上单击"垂直镜像"按钮 <img>，即可垂直镜像对象，如图5-85所示。

图5-85 垂直镜像对象

2．运用泊坞窗制作镜像对象

用户也可以在"变换"泊坞窗中单击"缩放和镜像"按钮，进行精确的镜像操作。

应用案例

运用泊坞窗镜像对象

素材：光盘\素材\第5章\花纹图案.cdr　效果文件：无　视频：光盘\视频\第5章\
5.5.3 运用泊坞窗镜像对象.mp4

STEP
01
按【Ctrl+O】组合键，打开一个项目文件，并使用"选择工具"选择绘图页面中的图形对象，如图5-86所示。

STEP
02
选择"对象"|"变换"|"缩放和镜像"命令，弹出"变换"泊坞窗，显示"缩放和镜像"选项卡，如图5-87所示。

图5-86 选择图形对象　　　　　　　　　　　　　图5-87 "缩放和镜像"选项卡

STEP 03 ❶单击选项卡中的"水平镜像"按钮🔲，❷在"副本"右侧的文本框中输入1，以水平锚点为基准镜像并复制对象，不改变原始对象的属性，❸单击"应用"按钮，在绘图页面内调整复制的镜像对象的位置，即可制作复制对象的水平镜像效果，如图5-88所示。

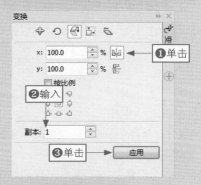

图5-88 水平镜像对象

STEP 04 用同样的方法，❶单击"水平镜像"按钮🔲，❷在"副本"右侧的文本框中输入1，❸单击"应用"按钮，在绘图页面内调整复制的镜像对象的位置，即可制作复制对象的水平镜像效果，如图5-89所示。

图5-89 垂直镜像对象

3．运用鼠标拖动旋转控制柄

选择卡通人物对象之后，按住【Ctrl】键的同时将一个控制柄反方向拖动至对象的另一侧，也可以镜像所选的对象，如图5-90所示。

图5-90 水平镜像对象

【5.6 分割、擦除、删除对象

在CorelDRAW X7中，可以使用"刻刀工具" 将对象分割为两部分或者更多部分，可以使用"擦除工具"将所选对象的某一部分擦除，并将影响的部分闭合。

5.6.1 运用"刻刀工具"分割图形

使用"刻刀工具" 可以将对象分割为两个不同的对象或者分割为两个子路径。当图形对象被分割后，该对象被转换为曲线对象。

选取工具箱中的"刻刀工具" ，在其属性栏中有"保留为一个对象"按钮 和"剪切时自动闭合"按钮 。其中，"保留为一个对象" 的作用是将对象分割为两个子路径，但整体上还是一个图形；"剪切时自动闭合" 可以将一个封闭的图形分割为两个闭合的图形对象。

选取工具箱中的"选择工具"，在属性栏中单击"保留为一个对象"按钮 ，将鼠标指针放置于图形的一个节点上，按住鼠标左键拖动，可以将图形分割。如图5-91所示为分割图形并删除部分图形后的效果。

图5-91 分割对象

5.6.2 运用"橡皮擦工具"擦除图形

使用"橡皮擦工具"可以将对象分离为几个部分，这些分离的部分仍然作为同一个对象存在，它们将作为原来对象的路径，当对图形使用"橡皮擦工具"后，它们将被转换为曲线对象。

选取工具箱中的"橡皮擦工具" ，在其属性栏中的"橡皮擦厚度"微调框中，输入数值改变橡皮擦的厚度，单击"减少节点"按钮，可以在擦除时自动删除多余的节点，单击"形状"右侧的"圆形笔尖"按钮或"方形笔尖"按钮，可以设置"橡皮擦工具"为圆形或方形，如图5-92所示。

使用"选择工具"选择要擦除的闭合模板图形，选取工具箱中的"橡皮擦工具"，单击其属性栏中的"圆形/方形"按钮，当"像皮擦工具"的鼠标指针呈圆形时，将鼠标指针放在对象上，按住鼠标左键来回拖动，即可擦除图形。如图5-93所示为运用"橡皮擦工具"擦除对象，显示隐藏对象的效果。

图5-92 "橡皮擦工具"属性栏

图5-93 擦除图像效果

 专家指点

运用"橡皮擦工具"擦除图像时，在图像上的合适位置单击，再单击图像的另一位置，可以沿直线擦除图像；若按住【Shift】键的同时单击，则可以 15°为标准移动鼠标擦除图像；若是按住鼠标左键不放拖动鼠标，则会不规则地擦除图像。

删除对象

若要删除绘图页面中多余的对象，可以使用3种方法。

- 快捷键：使用"选择工具"选择一个或者多个对象以后，按【Delete】键。
- 菜单命令：选择"编辑"|"删除"命令，即可删除对象。
- 快捷菜单：在选择的对象上单击鼠标右键，在弹出的快捷菜单中，选择"删除"命令也可以删除对象。

5.7 自由变换图形对象

选择"自由变换"工具，在其属性栏中有4个工具按钮，分别是自由旋转、自由角度反射、自由缩放和自由倾斜，单击相应的工具按钮，可以对对象进行旋转、镜像、缩放和倾斜操作。

1．"自由旋转"工具

使用"自由旋转"工具可以自由地控制对象的中心位置进行旋转操作。

使用"选择工具"选择绘图页面中的手机图形对象，选取工具箱中的"自由变换"工具，在其属性栏中单击"自由旋转"按钮 ⟳ ，将鼠标指针移至对象上，按住鼠标左键将对象拖动至合适大小，释放鼠标，即可旋转对象，如图5-94所示。

图5-94 旋转对象

2．"自由角度反射"工具

"自由角度反射"工具与"自由旋转"工具类似，都可以对对象进行旋转操作，不同的是"自由角度反射"工具是通过一条反射线对对象进行旋转的。

使用"选择工具"选择绘图页面中的手机图形对象，选取工具箱中的"自由变换"工具 ，在其属性栏中单击"自由角度反射"按钮 ，将鼠标指针移至对象上，按住鼠标左键并拖动至合适大小，释放鼠标，即可沿角度反射对象，如图5-95所示。

图5-95 自由角度反射

3．"自由缩放"工具

使用"自由缩放"工具可以对对象进行任意的缩放操作，使对象呈现不同的放大和缩小效果。

使用"选择工具"选择绘图页面中的"我的音乐，我做主"文本对象，选取工具箱中的"自由变换"工具 ，在其属性栏中单击"自由缩放"按钮 ，将鼠标指针移至对象上，按住鼠标左键将其拖动至合适大小，释放鼠标，即可缩放对象，如图5-96所示。

图5-96 缩放对象

4．"自由倾斜"工具

使用"自由倾斜"工具可以对象进行任意的扭曲操作，使对象呈现不同的扭曲效果。

使用"选择工具"选择绘图页面中的插画图形对象，选取工具箱中的"自由变换"工具，在其属性栏中单击"自由倾斜"按钮，将鼠标指针移至对象上，按住鼠标左键拖动至合适大小，释放鼠标，即可倾斜对象，如图5-97所示。

图5-97 倾斜对象

[5.8 撤销与重做对象

CorelDRAW X7中提供了强大的撤销和重做功能，用户可以选择"编辑"|"撤销编辑"/"重做编辑"命令，对已编辑的对象进行撤销和重做操作，用户在没有关闭文档之前，也可以撤销对文档的保存操作。

在执行撤销和重复操作时，唯一的限制是内存的大小。在有足够内存的前提下，可以根据可用内存的大小，通过重复选择"重做编辑"命令，按照反向顺序不限次数地重做执行过的上一步操作，若用户对编辑操作不满意，可以通过选择"文件"|"还原"命令来还原操作，此时会弹出信息提示框，如图5-98所示。

图5-98 信息提示框

在该信息提示框中，若单击"确定"按钮，即可恢复文件打开时的状态；若单击"取消"按钮，则可以放弃当前恢复文件的操作。

[5.9 专家支招

用户第一次使用CorelDRAW X7菜单栏中的"再制"命令时，会弹出"再制偏移"对话框，❶在其中可以设置再制对象与原对象位置的偏移距离，❷设置完成后单击"确定"按钮即可，如图5-70所示，设置的偏移距离将成为之后每一次再制对象的默认偏移距离。

偏移距离任何时候都可以通过选择"工具"|"选项"命令，在弹出的"选项"对话框中，展开"文档"|"常规"选项，修改"再制偏移"参数，如图5-100所示。

图5-99　"再制偏移"对话框　　　　　　图5-100　"选项"对话框

[5.10 总结扩展]

本章主要讲解了编辑图形对象的基础操作方法，这些都是使用CorelDRAW X7进行图形编辑、平面设计必须了解的基础知识，用户在学习时需要认真仔细，细细地研究，结合理论与案例加以实践。

5.10.1 本章小结

通过学习本章内容，用户可以掌握选择图像对象的方法，以及运用鼠标移动对象、运用属性栏移动对象、运用方向键移动对象、移动对象到另一页、运用属性栏调整对象、精准缩放对象、复制与粘贴对象、再制图形对象、克隆图形对象、旋转对象、倾斜对象、镜像对象、运用"刻刀工具"分割图形、删除对象、自由变换图形对象和撤销与重做对象等知识点，可以帮助用户举一反三，使操作更为流畅、精准。

5.10.2 举一反三——快速查找工具按钮

在CorelDRAW X7中，用户在绘制图形对象时，经常需要用到工具栏中的工具，不熟悉CorelDRAW X7的用户除了较为常用的几个工具按钮，经常会忘记工具按钮在哪个工具组中，此时如果一一展开工具组去查找各个工具，不仅浪费时间，还烦琐，下面将介绍快速查找工具按钮的使用方法，帮助用户在操作时更加得心应手。

应用案例 举一反三——快速查找工具按钮
素材：无　效果文件：无　视频：光盘\视频\第5章\5.10.2 举一反三——快速查找工具按钮.mp4

STEP 01 单击标准工具栏中的"新建"按钮，如图5-101所示，新建一个空白文件。

STEP 02 在绘图页面左侧的工具栏中，单击"快速自定义"按钮⊕，如图5-102所示。

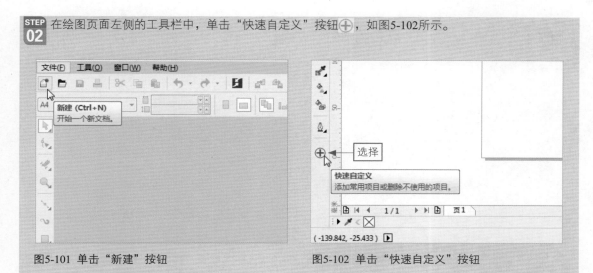

图5-101 单击"新建"按钮   图5-102 单击"快速自定义"按钮

STEP 03 执行操作后，即可展开工具栏中的所有工具名称，拖动右侧的滑块，即可查看各个工具组中的工具。除此之外，选中工具左侧的复选框，可以在工具组中添加该工具；取消选中相应复选框，即可从工具组中将工具撤回，重置工具栏，如图5-103所示。

图5-103 展开工具栏

读书
笔记

第6章 管理图形：分布、对齐与修整图形

在CorelDRAW X7中，管理图形对象的基本操作主要包括分布、对齐、组合、结合与拆分、锁定与转换，以及修整图形对象等内容。本章将详细介绍选取、编辑、变换及修整对象的具体操作。

[6.1 分布与对齐图形对象

当绘制一个较为复杂的图形对象时，绘图页面中往往存在许多对象，相互交错，难以对齐，用户可以使用"对齐与分布"命令，将它们按照一定的方式对齐分布。

6.1.1 对齐图形对象

使用对齐命令可以将当前对象与目标对象、页边、页面中心、网格或者页面中的一点对齐排列。

1. 将对象对齐的3种方法

使用对齐对象命令，可以将一系列对象按照指定的方式排列。

使对象对齐有3种方法。

● 菜单命令：使用"选择工具"，在按住【Shift】键的同时单击要对齐的对象，或者用鼠标框选要对齐的多个对象，选择"对象"|"对齐和分布"命令，弹出子菜单，如图6-1所示，选取相应的命令，即可将所选的对象对齐。将对象垂直对齐的效果如图6-2所示。

左对齐(L)		L
右对齐(R)		R
顶端对齐(T)		T
底端对齐(B)		B
水平居中对齐(C)		E
垂直居中对齐(E)		C
在页面居中(P)		P
在页面水平居中(H)		H
在页面垂直居中(V)		V
对齐与分布(A)	Ctrl+Shift+A	

图6-1 "对齐和分布"子菜单

图6-2 垂直对齐对象

● 泊坞窗：选取要对齐的多个对象，选择"对象"|"对齐和分布"|"对齐与分布"命令，弹出"对齐与分布"泊坞窗，如图6-3所示，在"对齐"选项卡中单击相应的对齐按钮，即可使对象按指定的对齐方式排列。

图6-3 "对齐与分布"泊坞窗

🔵 属性按钮：选择多个对象之后，单击其属性
栏中的"对齐与分布"按钮▤，也可弹出
"对齐与分布"泊坞窗。

2．将对象与页面中心对齐的4种方式

将对象与页面中心对齐有4种对齐方式。

🔵 菜单命令1：使用"选择工具"框选对象，选
择"对象"|"对齐和分布"|"在页面居中"
命令，即可将所选的对象全部与页面中心对
齐，如图6-4所示。

图6-4 在页面居中

🔵 菜单命令2：若要使各对象沿水平轴跟页
面中心对齐，则选择"对象"|"对齐和分
布"|"在页面水平居中"命令。将对象与页
面水平对齐的效果如图6-5所示。

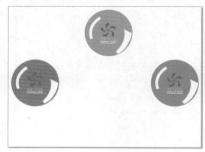

图6-5 在页面水平居中

🔵 菜单命令3：若要使各对象沿垂直轴跟页
面中心对齐，则选择"对象"|"对齐与分
布"|"在页面垂直对齐"命令即可。如图6-6
所示为将对象与页面垂直对齐的效果。

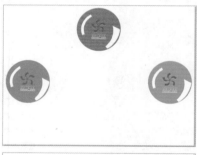

图6-6 在页面垂直居中

● 泊坞窗：使用"选择工具"选取位图对象之后，选择"对象"|"对齐与分布"|"对齐与分布"命令，弹出"对齐与分布"泊坞窗，在该窗口中的"对齐对象到"选项区中单击"页面中心"按钮，如图6-7所示。

图6-7 "对齐与分布"泊坞窗

3. 将对象与页边对齐

使用"选择工具"选取对象之后，单击其属性栏中的"对齐与分布"按钮 ，弹出"对齐与分布"泊坞窗，在泊坞窗中的"对齐对象到"选项区中单击"页面边缘"按钮，在"对齐"选项区中单击"顶端对齐"按钮，即可将对象与页边对齐，如图6-8所示。

📶 专家指点

用户在对齐对象时所参照的对象是由创建顺序或选择顺序决定的。若在对齐前已经框选对象，则会以创建的最后的对象为参考点；若逐个选择对象，则以最后选择的对象为对齐其他对象的参考点。

图6-8 对象与页边对齐

6.1.2 分布对象

在CorelDRAW X7中，可以将所选的对象按照一定的规则分布在绘图页面中或者选定的区域中。在分布对象时，可以让对象等间距排列，并可以指定排列的参考点，也可以将辅助线按一定的间距进行分布。

分布对象

素材：光盘\素材\第6章\卡通人物.cdr 效果文件：光盘\效果\第6章\卡通人物.cdr、卡通人物.jpg 视频：光盘\视频\第6章\6.1.2 分布对象.mp4

STEP
01 按【Ctrl+O】组合键，打开一个项目文件，如图6-9所示。

STEP 02 选取工具箱中的"选择工具",在绘图页面中选择多个图形对象,如图6-10所示。

图6-9 打开一个项目文件　　　　　　　　　　　　　　图6-10 选择多个图形对象

STEP 03 单击属性栏中的"对齐与分布"按钮[图],如图6-11所示。

STEP 04 弹出"对齐与分布"泊坞窗,在"分布"选项区中,单击"水平分散排列间距"按钮,如图6-12所示。

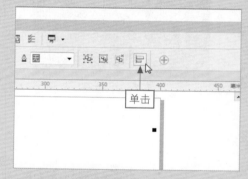

图6-11 单击"对齐与分布"按钮

图6-12 单击相应按钮

STEP 05 执行上述操作后,即可将所选的对象进行分布排列,如图6-13所示。

图6-13 分布对象

专家指点

在对多个对象进行对齐排列时，所选的对象必须是两个或者两个以上；在对多个对象进行分布排列时，所选的分布对象必须是3个或者3个以上。

在CorelDRAW X7中创建的对象，总是按照创建的先后顺序将对象排列在图形窗口中的，使用"顺序"功能可以将对象按先后顺序重新排列起来，从而将所绘制的对象更精确地排序。

6.1.3 调整多个对象的次序

要调整多个对象在图层中的排列顺序，选择"对象"|"顺序"命令，弹出"顺序"子菜单，如图6-14所示。

在该子菜单中有8种排序方法。

- 到页面前面：选择的对象居于页面中对象的最前面。
- 到页面背面：选择的对象居于页面中对象的最后面。
- 到图层前面：选择的对象居于该图层中对象的最前面。
- 到图层后面：选择的对象居于该图层中对象的最后面。
- 向前一层：选择的对象在排列顺序上向前移动一位。
- 向后一层：选择的对象在排列顺序上向后移动一位。
- 置于此对象前：选择的对象在所需对象的前面。
- 置于此对象后：选择的对象在所需对象的后面。

到页面前面(F)	Ctrl+Home	
到页面背面(B)	Ctrl+End	
到图层前面(L)	Shift+PgUp	
到图层后面(A)	Shift+PgDn	
向前一层(O)	Ctrl+PgUp	
向后一层(N)	Ctrl+PgDn	
置于此对象前(I)…		
置于此对象后(E)…		
逆序(R)		

图6-14 "顺序"子菜单

1．到页面前面

选择要调整的玫瑰花对象，选择"对象"|"顺序"|"到页面前面"命令，或按【Ctrl＋Home】组合键，调整对象至页面的最前面，如图6-15所示。

图6-15 调整对象至最前面

2．到页面背面

选择要调整的VI形象企业墙对象，选择"对象"|"顺序"|"到页面背面"命令，或按【Ctrl＋End】组合键，调整对象至页面的最后面，如图6-16所示。

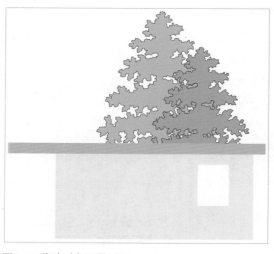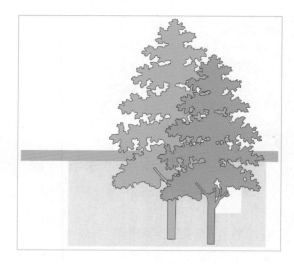

图6-16 移动对象至最后面

3．到图层前面

选择要调整的树状对象，选择"对象"|"顺序"|"到图层前面"命令，或按【Shift + PgUp】组合键，调整对象至图层的最前面，如图6-17所示。

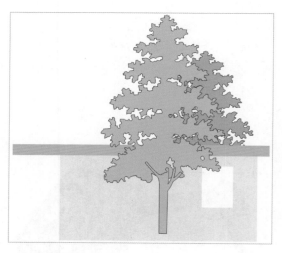

图6-17 移动对象至图层最前面

4．到图层后面

选择要调整的树状对象，选择"对象"|"顺序"|"到图层后面"命令，或按【Shift + PgDn】组合键，调整对象至图层的最后面，如图6-18所示。

5．向前一层

选择要调整的钥匙链对象，选择"对象"|"顺序"|"向前一层"命令，或按【Ctrl + PgUp】组合键，调整对象向前移一层，如图6-19所示。

6．向后一层

选择要调整的渐变圆对象，选择"对象"|"顺序"|"向后一层"命令，或按【Ctrl + PgDn】组合键，调整对象向后一层，如图6-20所示。

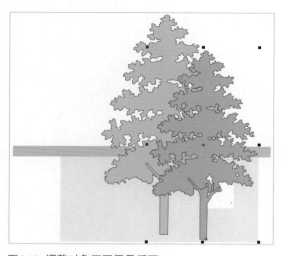

图6-18 调整对象至图层最后面

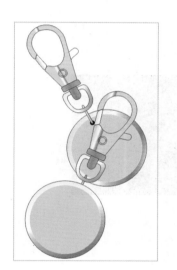

图6-19 调整对象向前移动一层

图6-20 调整对象向后移动一层

7．置于此对象前

选择要调整的仙鹤对象，选择"对象"|"顺序"|"置于此对象前"命令，当鼠标指针呈 ➡ 形状

时，单击渐变圆形对象，选中对象即可移至鼠标所指定的对象之前，如图6-21所示。

图6-21 将对象调整至圆形的前面

8．置于此对象后

选择要调整的黑色方块背景对象，选择"对象"|"顺序"|"置于此对象后"命令，当鼠标指针呈 ➡ 形状时，单击所需对象，选中对象即可移至所指对象之后，如图6-22所示。

图6-22 将对象调整在图形之后

 ### 反转多个对象的次序

在CorelDRAW X7中，除了有序地排列对象之外，运用"逆序"命令，可以将对象按照相反的顺序排列。

使用"选择工具"框选多个圆环对象，选择"对象"|"顺序"|"逆序"命令，可以将所选的对象以相反的顺序排列，如图6-23所示。

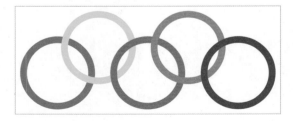

图6-23 逆序对象顺序

6.2 组合图形对象

为了操作方便，可以将多个对象组合或群组为一个对象，对其进行整体操作。组合是将多个对象组合在一起，但组合之后不改变各个对象的属性，操作完成后还可以将其拆分，再次成为独立的对象；也可以进行将对象添加到组合、从组合中移除对象，以及删除组合中的对象等操作。

6.2.1 群组图形对象

若图层中的图形过多，图形的选择和调整操作就会变得非常复杂，用户可以将多个图形组合为群组对象，这样一组对象可以一起被移动、缩放和填充等。

群组对象有4种方法。

● 菜单命令：使用"选择工具"，在按住【Shift】键的同时，将要群组的对象选中，再选择"对象"|"组合"|"组合对象"命令。

● 快捷键：选择多个对象之后，按【Ctrl+G】组合键。

● 属性按钮：选择多个对象之后，单击属性栏中的"组合对象"按钮 🔲。

● 快捷菜单：选择多个对象之后，单击鼠标右键，在弹出的快捷菜单中选择"组合对象"命令。

运用以上4种方法，都可以群组多个对象，如图6-24所示。

图6-24 群组多个对象

群组后的对象也可以和其他对象再次组成群组，这时的群组对象成为嵌套式的群组关系，方便对多个对象进行统一管理。

6.2.2 将对象添加到群组中

要将对象添加到群组中，可以利用"对象管理器"泊坞窗来完成。下面介绍将对象添加到群组中的操作步骤。

将对象添加到群组中

素材：光盘\素材\第6章\乒乓球拍.cdr　效果文件：光盘\效果\第6章\乒乓球拍.cdr、乒乓球拍.jpg　视频：光盘\视频\第6章\6.2.2 将对象添加到群组中.mp4

STEP 01 按【Ctrl+O】组合键，打开一个项目文件，如图6-25所示。

完全自学一本通

STEP 02 选择"窗口"|"泊坞窗"|"对象管理器"命令，如图6-26所示。

图6-25 打开一个项目文件

图6-26 选择"对象管理器"命令

STEP 03 弹出"对象管理器"泊坞窗，在其中选择要添加至群组中的对象，并将其拖到组合名称上，如图6-27所示。

STEP 04 释放鼠标，即可将对象添加到群组中，如图6-28所示。

图6-27 拖动到组合名称上

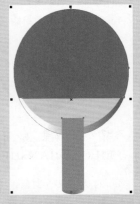

图6-28 将对象添加到群组中

6.2.3 从群组中移除对象

用户也可以将组合中的任何对象移除，使对象从组合中分离出来，成为单独的对象，也可以将组合中的任何对象删除。下面介绍具体的操作步骤。

应用案例

从群组中移除对象
素材：光盘\素材\第6章\蓝色飞机.cdr　效果文件：光盘\效果\第6章\蓝色飞机.cdr、蓝色飞机.jpg　视频：光盘\视频\第6章\6.2.3 从群组中移除对象.mp4

STEP 01 按【Ctrl+O】组合键，打开一个项目文件，如图6-29所示。

STEP 02 选择"窗口"｜"泊坞窗"｜"对象管理器"命令，弹出"对象管理器"泊坞窗，在该泊坞窗中单击群组名称前边的 ⊞，展开组合内的对象，如图6-30所示。

图6-29 打开一个项目文件

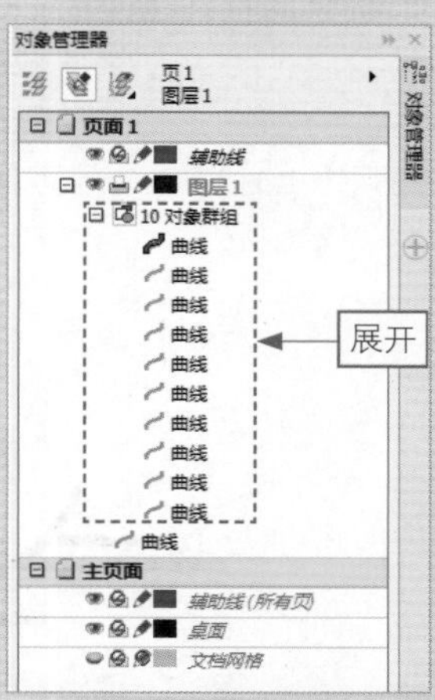

图6-30 展开组合内的对象

STEP 03 选择要移除的对象，向群组外拖动，即可将对象从组合中移除，如图6-31所示。

STEP 04 单击右下角的"删除"按钮 🗑，即可将该对象删除，如图6-32所示。

图6-31 从群组中移除对象

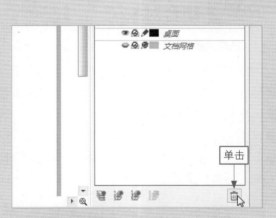

图6-32 将该对象删除

6.2.4 取消群组

若要取消群组对象进行再次编辑，可以使用4种方法取消群组。

● **菜单命令**：若要取消群组，使用"选择工具"选择群组对象，选择"对象"｜"组合"｜"取消组合对象"命令。

● 快捷键：使用"选择工具"选择群组对象，按【Ctrl+U】组合键。

● 属性按钮：使用"选择工具"选择群组对象，单击其属性栏中的"取消组合"按钮 。

● 快捷命令：使用"选择工具"选择群组对象，单击鼠标右键，在弹出的快捷菜单中选择"取消组合对象"命令。

运用以上4种方法，均可拆分群组对象，如图6-33所示。

图6-33 取消群组对象

[6.3 结合与拆分图形对象

使用"结合"命令可以将选中的多个对象合并为一个曲线对象，剪掉所选对象的重叠部分，保留不重叠的部分，合并在一起的对象具有同一种属性（包括颜色、轮廓和填充等）。若要修改已结合对象的属性，需要先将结合的对象拆分，拆分就是将结合在一起的对象拆开。

6.3.1 结合对象

1. 结合对象的4种方法

将两个或多个对象结合有4种方法。

● 菜单命令：用"选择工具"将要合并的对象全部选中，选择"对象"|"结合"命令。

● 快捷键：按【Ctrl+L】组合键。

● 属性按钮：当选择两个或多个对象后，在其属性栏中单击"结合"按钮 。

● 快捷菜单：当选择两个或多个对象后，单击鼠标右键，在弹出的快捷菜单中选择"结合"命令。

运用以上4种方法都可以结合对象。如图6-34所示为选中多个对象结合的效果。

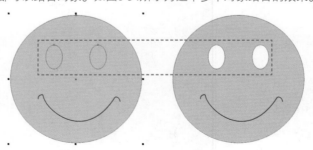

图6-34 结合对象

将不同属性的对象结合在一起，将会改变对象的属性，改变后的属性为选择的最后图形的属性。

2．从结合对象中提取子路径

结合后的对象是曲线图形，有路径，用户可以从结合对象中提取子路径。下面介绍从结合对象中提取子路径的操作步骤。

结合对象

素材：光盘\素材\第6章\笑脸图案.cdr　效果文件：光盘\效果\第6章\笑脸图案.cdr、
笑脸图案.jpg　视频：光盘\视频\第6章\6.3.1　合并对象.mp4

STEP 01 选取工具箱中的"形状工具"，在结合的对象上选择一条线段、一个节点或一组节点，如图6-35所示。

STEP 02 在其属性栏上单击"提取子路径"按钮，如图6-36所示。

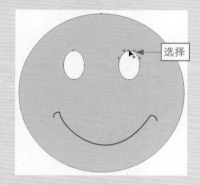

图6-35　打开一个项目文件

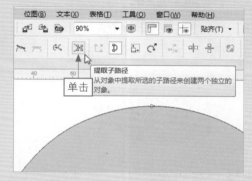

图6-36　单击"提取子路径"按钮

STEP 03 执行操作后，即可在结合对象中提取出子路径，如图6-37所示，对提取的子路径可以自由调节，使图形有更多的造型。

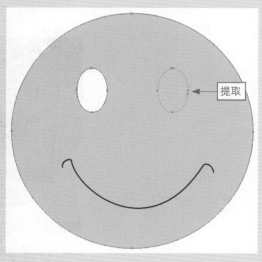

图6-37　提取子路径

6.3.2 拆分结合的图形对象

拆分的作用跟结合刚好相反，拆分主要用来将结合在一起的对象拆开，若在结合之前改变了对象的属性，那么在拆分之后将不能恢复原来的属性。

拆分结合的对象有4种方法。

◯ 菜单命令：使用"选择工具"选择要拆分的对象，选择"对象"|"拆分曲线"命令。

◯ 快捷键：按【Ctrl＋K】组合键。

◯ 属性栏按钮：选择要拆分的对象，单击工具属性栏中的"拆分"按钮。

◯ 快捷菜单：选择要拆分的对象，单击鼠标右键，在弹出的快捷菜单中选择"拆分曲线"命令。

运用以上4种方法都可以将结合的对象拆分。如图6-38所示为拆分结合的对象，并移动拆分对象位置后的效果。

图6-38 拆分结合的对象

【6.4 锁定与转换对象

当用户不再需要对某个对象执行操作时，可以对该对象执行锁定操作，方便用户在操作过程中对其他对象进行编辑，如选择和移动等操作。

6.4.1 锁定图形对象

锁定对象是一种保护对象的方法，可以保证被锁定的对象不会被改变。

锁定对象有两种方法。

◯ 菜单命令：使用"选择工具"选中要锁定的对象，选择"对象"|"锁定"|"锁定对象"命令，对象四周的控制柄将由实心方块变成锁头形状，表示所选的对象被锁定，如图6-39所示。

◯ 快捷菜单：在需要锁定的对象上单击鼠标右键，在弹出的快捷菜单中，选择"锁定对象"命令，也可将该对象锁定。

图6-39 锁定对象

6.4.2 解锁图形对象

若要解除被锁定对象的锁定状态，可以使用以下两种方法。

- 菜单命令：若要编辑已被锁定的对象，选择"对象"|"锁定"|"解锁对象"命令，即可将对象解除锁定状态。

- 快捷菜单：在锁定的对象上单击鼠标右键，在弹出的快捷菜单中选择"解锁对象"命令。

运用以上两种方法，都可解除对象的锁定，对象四周的锁头形状随即变为黑色小方块，如图6-40所示。

图6-40　解除锁定对象

6.4.3 分离图形对象边框

使用"将轮廓转换为对象"命令，可以将使用绘图工具绘制的图形对象的填充区域和轮廓分开，分别成为独立的对象，从而达到不同的创作效果。

将轮廓转换为对象有两种方法。

- 菜单命令：使用"选择工具"选中绘制的图形对象，选择"对象"|"将轮廓转换为对象"命令，即可使轮廓成为独立的对象，也可像编辑其他对象一样对其进行编辑，移动轮廓，如图6-41所示。

 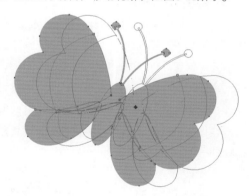

图6-41　将轮廓转换为对象

- 快捷键：使用"选择工具"选中绘制的图形对象，按【Ctrl + Shift + Q】组合键可以将轮廓转换为对象。

[6.5 修整图形对象

为了帮助用户对对象的造形进行修整，CorelDRAW X7提供了合并、修剪、相交、简化、前减后和后减前等一系列工具，可以将多个相互重叠的图形对象创建成一个新的图形对象，但这些工具只适用于使用绘图工具绘制的图形对象。

6.5.1 合并图形对象

"合并"命令可以将选中的多个对象合并为一个新的具有单一轮廓的图形对象。

合并对象有两种方法。

● 菜单命令：使用"选择工具"选择两个或者两个以上的图形对象，再选择"对象"|"造形"|"合并"命令。

● 属性按钮：使用"选择工具"选择两个或者两个以上的图形对象，单击工具属性栏中的"合并"按钮 ⬚。

使用以上两种方法都可以将选中的对象合并在一起，合并后的图形属性由最后选择的图形属性决定。如图6-42所示为合并两个图形后的效果。

图6-42 合并对象图形

6.5.2 修剪图形对象

使用"修剪"命令可以剪掉目标对象与其他选中对象的重叠部分，保留不重叠的部分，而目标对象的基本属性保持不变。

修剪对象有两种方法。

● 菜单命令：选取多个重叠对象，选择"对象"|"造形"|"修剪"命令。

● 属性按钮：选取多个重叠对象，单击工具属性栏中的"修剪"按钮。

运用以上两种方法都可以将目标对象（即最后选择的对象）被来源对象修剪，保留目标对象的属性。如图6-43所示为修剪对象并移去来源对象的效果。

图6-43 修剪图形

6.5.3 相交图形对象

"相交"命令与"修剪"命令的作用刚好相反，执行"相交"命令可以保留其他选择对象与目标对象重叠的部分，剪掉不重叠的部分。

相交对象有两种方法。

● 菜单命令：选择多个对象，选择"对象"|"造形"|"相交"命令。

● 属性按钮：选择多个对象，单击工具属性栏中的"相交"按钮 ⊡。

运用以上两种方法都可以完成相交图形对象的操作，相交后的对象会保留最后选择对象的填充和轮廓属性。如图6-44所示为对两个心形对象进行"相交"操作后，得到一个图形对象，并设置其颜色，运用副本再制旋转后的效果。

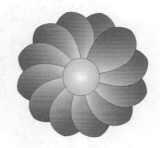

图6-44 相交图形对象并设置其他效果

6.5.4 简化图形对象

简化图形对象是将两个或两个以上对象重叠部分裁掉的操作。

简化图形对象有两种方法。

● 菜单命令：使用"选择工具"选取重叠的对象，选择"对象"|"造形"|"简化"命令。

● 属性按钮：使用"选择工具"选取重叠的对象，单击工具属性栏中的"简化"按钮 ⊡。

运用以上两种方法都可以完成图形对象的简化操作。如图6-45所示为将多个对象进行简化的效果。

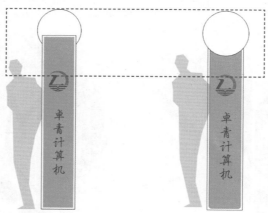

图6-45 简化图形对象

6.5.5 移除后面对象

移除后面对象操作是指用前面的对象移除后面的对象及重叠的部分，只保留前面对象的剩余部分，即前减后操作。前减后对象有两种方法。

● 菜单命令：使用"选择工具"，选择绘图页面中的重叠对象，选择"对象"|"造形"|"移除后面对象"命令。

● 属性按钮：使用"选择工具"，选择绘图页面中的重叠对象，单击工具属性栏上的"移除后面对象"按钮 。

移除后面对象的效果如图6-46所示。

图6-46 移除后面对象

6.5.6 移除前面对象

移除前面对象操作是指用后面的对象减去前面的对象及重叠的部分，只保留后面对象的剩余部分，即后减前操作。后减前对象有两种方法。

● 菜单命令：使用"选择工具"，选择绘图页面中的重叠对象，选择"对象"|"造形"|"移除前面对象"命令。

● 属性按钮：使用"选择工具"，选择绘图页面中的重叠对象，单击工具属性栏中的"移除前面对象"按钮 。移除前面对象的效果如图6-47所示。

图6-47 移除前面对象

[6.6 专家支招

对图形进行修整除了可以使用菜单命令和属性栏
上的相关按钮外，也可以通过"造型"泊坞窗来完成，
操作方法如下：

选择多个对象，选择"窗口"|"泊坞窗"|"造
型"命令，弹出"造型"泊坞窗，在该对话框中的下
拉列表中可以选择"焊接""修剪""相交""简
化""移除后面对象""移除前面对象""边界"选
项，如图6-48所示。

图6-48 "造型"泊坞窗

 专家指点

在"造型"泊坞窗的下拉列表中，"焊接"选项的作用，与选择菜单栏中的"对象"|"造形"|"合并"命令的作用是一样的。

[6.7 总结扩展

在中文版CorelDRAW X7中，对象包括图形、文本和图像，对象的组织和管理包括对图形、文本和图像的选取、复制、群组等操作。本章详细讲解了分布、对齐与修整等管理图形对象的操作方法，通过对对象的组织管理，可以为用户在创作中提供方便。

本章小结

通过学习本章内容，用户可以掌握对齐图形对象、分布图形对象、调整多个对象的次序、反转多个对象的次序、群组图形对象、将对象添加到群组中、从群组中移除对象、取消群组、结合对象、从合并对象中提取子路径、拆分结合图形对象、锁定图形对象、解锁图形对象、分离图形对象边框、合并图形对象、修剪图形对象、相交图形对象、简化图形对象及移除后面对象等内容。希望读者在学完本章后可以学以致用，举一反三，制作出精美的作品。

举一反三——应用"造型"泊坞窗

在CorelDRAW X7中，在"造型"泊坞窗中选中"来源对象"复选框，可以保留原来的对象，同时生成新对象；选中"目标对象"复选框，可以保留目标对象。下面介绍具体的操作方法。

应用案例

举一反三——应用"造型"泊坞窗

素材：光盘\素材\第6章\沙滩美女.jpg　效果文件：光盘\效果\第6章\沙滩美女.cdr、沙滩美女.jpg　视频：光盘\视频\第6章\6.7.2 举一反三——应用"造型"泊坞窗.mp4

STEP 01 选择"文件"|"导入"命令，导入一幅人物插画图像，如图6-49所示。

STEP 02 选取工具箱中的"图纸"工具，如图6-50所示，在图像的上方绘制4×3的图纸网格。

图6-49 导入一幅人物插画图像

图6-50 选取"图纸"工具

STEP 03 选取工具箱中的"轮廓笔"工具，弹出"轮廓笔"对话框，如图6-51所示。

STEP 04 在"轮廓笔"对话框中的"颜色"下拉列表中选择"白色"（CMYK参考值均为0），在"宽度"下拉列表中选择2.0mm选项，单击"确定"按钮，设置图纸轮廓的属性，如图6-52所示。

图6-51 "轮廓笔"对话框

图6-52 设置图纸轮廓属性

STEP 05 选取工具箱中的"椭圆工具"，在绘图页面中的合适位置按住【Ctrl】键的同时，拖动鼠标左键绘制正圆形，并按照上述操作方法设置其轮廓属性，效果如图6-53所示。

STEP 06 选择"窗口"|"泊坞窗"|"造型"命令，弹出"造型"泊坞窗，如图6-54所示。

图6-53 绘制正圆形

图6-54 "造型"泊坞窗

STEP 07 使用"选择工具"选择正圆，在"造型"泊坞窗中选择"修剪"选项，在下方选中"保留原始源对象"复选框，单击"修剪"按钮，此时鼠标指针呈 形状，单击要修剪的图纸目标对象，即可修剪图形，并保留来源对象，效果如图6-55所示。

STEP 08 用同样的方法，运用"椭圆工具"在图像上绘制其他正圆，并进行修剪，如图6-56所示。

图6-55 修剪图形

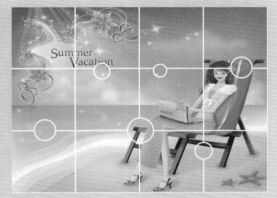

图6-56 图形效果

读书
笔记

读书
笔记

第7章 填充颜色：制作极具时尚感的图形

本章主要介绍在CorelDRAW X7中设置对象颜色填充的方式和轮廓的编辑，掌握丰富的填充方式，给图形填充不同的颜色，打造不同的效果。

本章学习重点

- 使用图形调色板
- 选取图形颜色
- 单色填充图形
- 渐变填充的两种方式
- 图样填充的 3 种方式
- 底纹填充
- 交互式网状填充
- 设置轮廓属性的操作

[7.1 使用图形调色板

调色板是一组颜色的集合，使用调色板可快速地为图形对象填充颜色。在CorelDRAW X7中，可以同时在绘图页面上显示多个调色板，并可以移动调色板作为独立的窗口浮在绘图窗口上方，也可将调色板固定在某一侧，还可以改变调色板的大小。若有需要，用户可以自定义调色板，CorelDRAW X7为用户提供了如图7-1所示的几种常用的调色板。

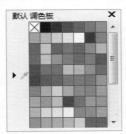
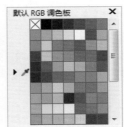
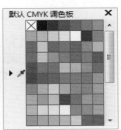

图7-1 常用调色板

 7.1.1 打开调色板

用户可以直接使用调色板中的颜色样式，对选定对象的轮廓和具有封闭路径的选定对象应用标准填充。

在CorelDRAW X7中，打开调色板有3种方法。

- 菜单命令：选择"窗口"|"调色板"命令，弹出"调色板"子菜单，如图7-2所示，选择要显示的调色板选项，即可将其打开。

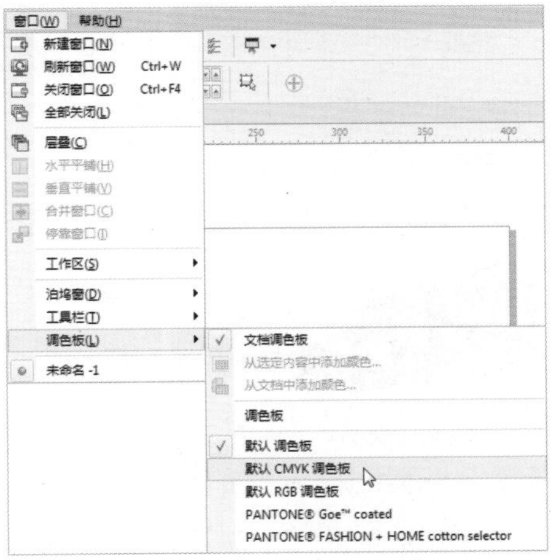

图7-2 "调色板"子菜单

○ 调色板对话框：选择"窗口"|"调色板"|"打开调色板"命令，弹出"打开调色板"对话框，如图7-3所示，在"查找范围"下拉列表中选择保存调色板的文件夹，然后在列表中双击要打开的调色板文件，或者选择调色板文件，单击"打开"按钮，即可打开所选的"调色板"。

图7-3 "打开调色板"对话框

○ 调色板管理器：选择"窗口"|"调色板"|"调色板管理器"命令，弹出调色板管理器，如图7-4所示，选中要打开的调色板名称前闭着的小眼睛图标，也可以打开该调色板。打开调色板后，调色板名称前闭着的小眼睛图标呈睁开的状态。

图7-4 调色板管理器

 7.1.2 移动调色板

CorelDRAW X7中的调色板默认处于打开状态，其位置一般在工作界面的右侧。为了能够更清楚地看到调色板的组成，用户也可以将调色板移动至绘图窗口中。

在绘图窗口右侧调色板上方的 图标上按住鼠标左键不放拖动，即可将调色板移动至绘图窗口上，使其呈浮动状态，如图7-5所示。

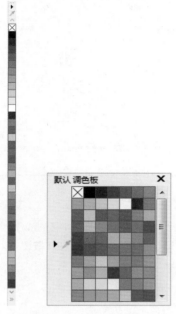

图7-5 将调色板移动至绘图窗口

在其上方的标题栏上按住鼠标左键可以随意拖动调色板至窗口中的任意位置，将鼠标指针放至"默认调色板"泊坞窗上，当四周出现控制柄时，调整控制柄即可改变调色板的大小，如图7-6所示。若要撤消移动，在标题栏上按住鼠标左键并拖动至界面的最右侧，当出现灰色底纹模块时释放鼠标左键，即可将"默认调色板"泊坞窗移至绘图窗口的右侧，还原位置。

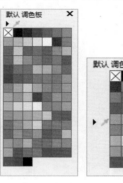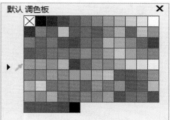

图7-6 调整调色板大小

7.1.3 自定义调色板

在CorelDRAW X7中，用户可以根据需要自定义调色板。自定义调色板中可以包含特殊的颜色或者任何模型产生的颜色，是一组颜色的集合。当经常使用某些颜色或者需要一整套看起来比较和谐的颜色时，可以将这些颜色放在自定义调色板中。自定义调色板被保存在以.xml为扩展名的文件中。

选择"窗口"|"调色板"子菜单中的命令，其中有3种方法可以创建自定义调色板，如图7-7所示。

1. 从选择中创建调色板

运用"从选择中创建调色板"命令，创建的调色板将包含所选对象中的颜色，如标准填充对象的颜色、轮廓色，渐变式填充对象的轮廓色、起始颜色和结束颜色，以及图案填充的轮廓色、前景色和背景色等。

用选定的颜色创建调色板，应该先在绘图页

图7-7 创建自定义调色板的3个选项

面选中要选择的对象，可以选择一个或多个对象，再选择"窗口"|"调色板"|"从选择中创建调色板"命令，弹出"另存为"对话框，如图7-8所示。

在该对话框中，在"保存在"下拉列表中选择保存调色板的位置，在"文件名"组合框中输入调色板文件的名称，单击"保存"按钮，即可运用所选的对象创建新的调色板。

2. 从文档中创建调色板

在CorelDRAW X7中，用户还可以利用当前的绘图文件创建调色板，使用该方法创建调色板将包含绘图文件中所有对象的轮廓色、填充色、渐变色及双色图案等一些颜色类型。

图7-8 "另存为"对话框

若要从当前的绘图文件创建调色板，选择"窗口"|"调色板"|"从文档中创建调色板"命令，弹出"另存为"对话框，在该对话框中指定调色板文件保存的位置和文件名，单击"保存"按钮，即可利用当前的绘图文件创建新的调色板。

3. 调色板编辑器

对于已经定义的调色板，可以重新编辑、添加、删除其中的颜色，以及为调色板中的颜色排序。

选择"窗口"|"调色板"|"调色板编辑器"命令，弹出"调色板编辑器"对话框，如图7-9所示。

在该对话框中有以下9种选项设置：

● 若单击"新建调色板"按钮 🗒，弹出"新建调色板"对话框，如图7-10所示，使用该对话框可以新建一个空白调色板。

图7-9 "调色板编辑器"对话框

图7-10 "新建调色板"对话框

● 单击"打开调色板"按钮 🗔，弹出"打开调色板"对话框，如图7-11所示，在该对话框中可以选择一种用户所需的调色板。

● 单击"保存调色板"按钮 🗔，可以保存编辑后的调色板。

● 单击"调色板另存为"按钮 🗔，弹出"另存为"对话框，如图7-12所示，在该对话框中可以将当前设置的色彩模式的调色板保存在另一个文件夹中。

图7-11 "打开调色板"对话框

图7-12 "另存为"对话框

● 选择调色板中的一种颜色，单击"编辑颜色"按钮，弹出"选择颜色"对话框，如图7-13所示，在该对话框中可以更改该颜色的颜色成分。

图7-13 "选择颜色"对话框

📡 专家指点

在"调色板编辑器"对话框中选择颜色时，若按住【Shift】键的同时单击两个颜色，可以选择两个颜色之间连续的多个颜色；若按住【Ctrl】键的同时，依次单击颜色，可以选择不连续的多个颜色。

● 用户可以单击"添加颜色"按钮，弹出如图7-13所示的"选择颜色"对话框，在该对话框中可以给当前调色板中添加新的颜色。

● 选择颜色列表框中不需要的颜色，单击"删除颜色"按钮，可以将该颜色色样删除。

● 单击"将颜色排序"按钮右侧的下拉箭头，从弹出的下拉列表中按系统提供的反转、色度、亮度、饱和度、RGB值、HSB值和名称等7种排序方式，重新排列颜色列表中的颜色色样。

● 单击"重置颜色"按钮，将调色板恢复至默认状态，将取消用户当前进行的设置。

7.1.4 设置调色板

用户在使用调色板的过程中，可以设置调色板的属性参数。

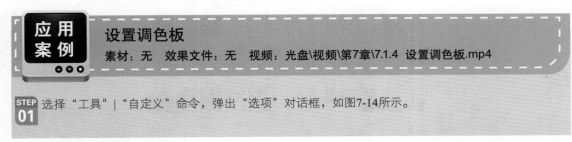

设置调色板

素材：无　效果文件：无　视频：光盘\视频\第7章\7.1.4 设置调色板.mp4

STEP 01 选择"工具"|"自定义"命令，弹出"选项"对话框，如图7-14所示。

STEP 02 在左侧列表中选择"调色板"选项，切换至"调色板"选项设置界面，在该对话框中设置"调色板"的显示方式等选项，如图7-15所示。

图7-14 "选项"对话框　　　　　　　　　　　　　　图7-15 "调色板"选项设置界面

专家指点

在"默认调色板"泊坞窗的色块之间的白色处单击鼠标右键，在弹出的快捷菜单中选择"自定义"命令，也可以弹出"选项"对话框。

❶ "停放后的调色板最大行数"数值框：在"停放后的调色板最大行数"数值框中输入数值，可以设置固定在CorelDRAW X7窗口中调色板的最大行数。

❷ "宽边框"复选框：选中"宽边框"复选框，可以使调色板中的色样边界变宽。

❸ "大色样"复选框：选中"大色样"复选框，可以在调色板中以大方块显示色样。

❹ "显示'无色'方格"复选框：选中"显示'无色'方格"复选框，可以在调色板中显示无色方格。

❺ "上下文菜单"单选按钮：在"鼠标右键"选项区域，选择"上下文菜单"单选按钮，那么在调色板中单击鼠标右键时显示菜单。

❻ "设置轮廓颜色"单选按钮：选中"设置轮廓颜色"单选按钮，那么在调色板中的色样上单击鼠标右键时，可以为所选的对象设置轮廓色，或者设置默认的轮廓色。

STEP 03 各选项设置完成后，单击"确定"按钮即可改变调色板属性，如图7-16所示。

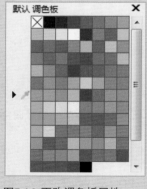

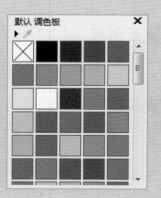

图7-16 更改调色板属性

7.1.5　关闭调色板

有时在设计图形的过程中，需要留出更多的页面空间进行操作，需要关闭调色板。

关闭调色板有3种方法。

● 菜单命令：使用菜单命令，选择"窗口"|"调色板"|"关闭所有调色板"命令。

● 关闭按钮：直接单击调色板上方的关闭按钮也可以关闭调色板。

● 快捷菜单：单击"默认调色板"泊坞窗中的黑色三角按钮▶，展开快捷菜单，选择"调色板"命令，在弹出的子菜单中选择"关闭"命令。

运用以上3种方法，都可以关闭打开的调色板。

【7.2　选取图形颜色

在CorelDRAW X7中，可以使用调色板选择颜色并为所选的对象设置"填充颜色"和"轮廓颜色"。用户可以通过"颜色滴管工具"或"编辑填充"对话框等方式来选取颜色。

7.2.1　运用"颜色滴管"工具选取颜色

运用"颜色滴管"工具🖋可以吸取窗口中任何对象的颜色，还可以采集多个点的混合色。选取工具箱中的"颜色滴管"工具🖋，在绘图窗口鼠标指针将呈吸管形状✎，在其属性栏中，单击"选择颜色"按钮，在图像上单击所需要的颜色，即可使所吸取的颜色成为填充颜色；单击"从桌面选择"选项，即可对应用程序外的颜色进行取样。

7.2.2　运用"编辑填充"对话框选取颜色

在CorelDRAW X7中，打开"编辑填充"对话框有3种方法。

● 快捷键：按【Shift+F11】组合键，即可打开"编辑填充"对话框。

● 属性栏：在工具箱中选取"交互式填充"工具，在其属性栏中，单击"编辑填充"按钮，即可打开"编辑填充"对话框。

● 工具箱：在工具箱中单击"快速自定义"按钮，在展开的窗口中拖动滑块至最下方，选中"编辑填充"复选框，即可将"编辑填充"工具添加至工具箱中，单击该按钮即可打开"编辑填充"对话框。

用户用以上任意一种方法打开"编辑填充"对话框后，在其中可以为所选的对象设置填充色，如图7-17所示。

在"编辑填充"对话框中的"模型"选项卡中，有以下几种方法可以选取颜色：

● 上下调整色块上的滑块可以确定颜色的范围。

● 在颜色选择框中单击也可以确定所选的颜色。

● 选择"颜色滴管"工具，可以对屏幕中的任意颜色进行取样。

● 在对话框最右侧的"组件"选项卡中通过设置颜色的参数可以改变颜色。

图7-17 "编辑填充"对话框

7.2.3 运用颜色泊坞窗选取颜色

颜色泊坞窗是一种填充工具，对图形对象的填充起到辅助的作用，使用起来也比较方便。选择"窗口"|"泊坞窗"|"彩色"命令，即可弹出颜色泊坞窗，如图7-18所示。

在颜色泊坞窗中有"显示颜色滑块""显示颜色查看器"和"显示调色板"3个选项按钮，运用这3种按钮以都可以设置颜色。

图7-18 颜色泊坞窗

7.3 单色填充图形

单色填充是一种标准填充方式，是CorelDRAW X7中最基本的填充方式。对象内部的填充对象必须是具有闭合性质的对象，若需要对一个开放性的对象进行填充，就必须先将其封闭，然后进行填充。

对象内部填充单一颜色的方式主要有使用调色板、"填充颜色"对话框、颜色泊坞窗和"对象属性"泊坞窗等。

7.3.1 运用调色板填充颜色

使用调色板可以对任何选中或未选中的封闭图形对象进行单色填充。用户在操作过程中，若已先选择图形对象，直接单击调色板中的色块，即可给图形填充颜色；若用户在操作过程中未选择对象，需将色块拖至要填充颜色的图形对象上。如图7-19所示为给对象填充颜色前后效果对比。

图7-19 运用调色板填充颜色

7.3.2 运用"编辑填充"对话框填充颜色

运用"编辑填充"对话框，也可以为选择的封闭对象填充标准色。

使用"选择工具"选择对象，按【Shift+F11】组合键，即可打开"编辑填充"对话框，在该对话框中，可以打开"模型"选项卡、"混合器"选项卡、"调色板"选项卡设置填充颜色，如图7-20所示为"编辑填充"对话框中的"调色板"选项卡界面。

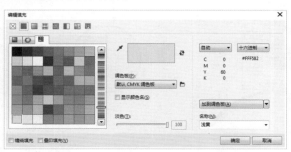

图7-20 "编辑填充"对话框

在这些选项卡中都可以给选择的对象填充颜色，用户设置好需要填充的颜色后，单击"确定"按钮即可。

7.3.3 运用"智能填充"工具填充颜色

在CorelDRAW X7中的工具箱中，运用"智能填充"工具可以为对象填充颜色，下面介绍具体的操作方法。

运用"智能填充"工具填充颜色

素材：光盘\素材\第7章\彩色滤镜.cdr　　效果文件：光盘\效果\第7章\彩色滤镜.cdr
视频：光盘\视频\第7章\7.3.3 运用"智能填充"工具填充颜色.mp4

STEP 01 按【Ctrl+O】组合键，打开一个项目文件，如图7-21所示。

STEP 02 在工具箱中单击"智能填充"工具按钮，如图7-22所示。

图7-21 打开一个项目文件

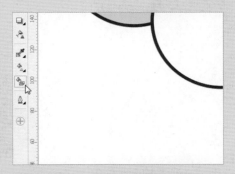

图7-22 单击"智能填充"工具按钮

STEP 03 在其属性栏中，单击"填充色"右侧的下拉按钮，在弹出的色块样式中，选择第1排第5个色块样式（"洋红"色块），如图7-23所示。

STEP 04 选择完成后，在绘图窗口需要填充颜色的对象上单击，即可为该图形对象填充颜色。最终效果如图7-24所示。

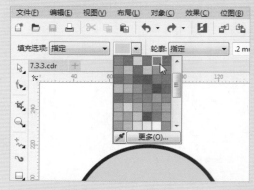

图7-23 选择色块样式

图7-24 最终效果

7.3.4 运用"颜色滴管"工具填充颜色

运用"颜色滴管"工具可以为对象填充颜色。在运用"颜色滴管"工具时，需要先吸取颜色才能为对象填充相应的颜色。下面介绍具体的操作方法。

应用案例

运用"颜色滴管"工具填充颜色

素材：光盘\素材\第7章\心心相印.cdr　效果文件：光盘\效果\第7章\心心相印.cdr
视频：光盘\视频\第7章\7.3.4 运用"颜色滴管"工具填充颜色.mp4

STEP 01 按【Ctrl+O】组合键，打开一个项目文件，如图7-25所示。

STEP 02 在工具箱中单击"颜色滴管"工具按钮，如图7-26所示。

图7-25 打开一个项目文件

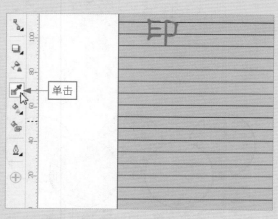

图7-26 单击"颜色滴管"工具按钮

STEP 03 在绘图窗口，使用"选择颜色"工具在"心心相印"文字上选取红色作为填充颜色，如图7-27所示。

STEP 04 颜色选取完成后，"选择颜色"工具将自动转换为"应用颜色"工具，在需要填充的图形对象上单击，即可填充颜色为红色。最终效果如图7-28所示。

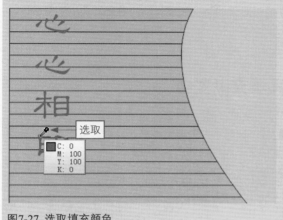

图7-27 选取填充颜色

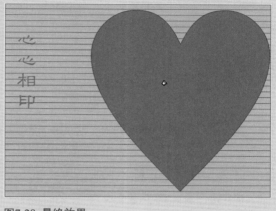

图7-28 最终效果

7.3.5 运用"对象属性"泊坞窗填充颜色

用户也可以运用"对象属性"泊坞窗填充对象。有以下3种方法弹出"对象属性"泊坞窗。

⬤ 快捷菜单：在选取的对象上单击鼠标右键，在弹出的快捷菜单中选择"属性管理器"命令，弹出"对象属性"泊坞窗，单击"填充"按钮◆，切换至"填充"设置界面，如图7-29所示。

图7-29 "对象属性"对话框

选择素材对象，然后在颜色框中选中所需要的颜色，即可将所选的颜色填充到选中的对象上，效果如图7-30所示。

图7-30 填充对象

⬤ 菜单命令：选择"窗口"|"泊坞窗"|"对象属性"命令，也可弹出"对象属性"泊坞窗。

⬤ 快捷键：运用"选择工具"选择对象，按【Alt + Enter】组合键，也可弹出"对象属性"泊坞窗。

[7.4 渐变填充的两种方式

渐变填充是指在同一对象上应用两种或多种颜色之间的平滑渐进效果，从而达到对象的深度感。运用"交互式填充"工具和"编辑填充"对话框均可完成对对象的渐变效果。渐变填充方式主要有线性渐变、射线渐变、圆锥渐变和方角渐变等。

 运用"交互式填充"工具填充渐变色

在其属性栏左侧展示了不同的填充类型，如"均匀填充" ■、"渐变填充" ■、"向量图样填充" ▦、"位图图样填充" ▨ 及"双色图样填充" ▮ 等，选择不同的填充类型，在填充类型栏后方会展开相应的填充面板，在其中可以设置填充属性。"渐变填充"属性栏如图7-31所示。

⊠ ■ ▣ ▦ ▤ ▮ ▮▾ ▢ ▢ ▢ × ▮ ▾ ▾ 0% ⟷ ⟷ ◠ ▮ ▣ →.0 ✛ ▨ ▥ ▨ ⊕

图7-31 "渐变填充"属性栏

使用"选择工具"选择要填充的矩形对象；运用"交互式填充"工具，用户可以直接在绘图窗口中按下鼠标左键拖动，直接进行渐变填充；拖动渐变填充控制柄，可以设置渐变填充属性。设置各项参数后，效果如图7-32所示。

图7-32 渐变填充效果

 运用"编辑填充"对话框填充渐变色

通过"编辑填充"对话框中的"渐变填充"选项卡也可完成对图形的渐变填充。选择一个对象，按【F11】键可以快速打开"编辑填充"对话框中的"渐变填充"选项卡，如图7-33所示。

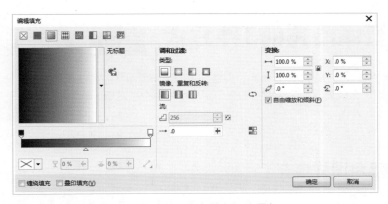

图7-33 "编辑填充"对话框中的"渐变填充"选项卡

该对话框中的主要选项含义如下：

- "填充挑选器"下拉按钮：从个人收藏或共享文件夹中挑选填充颜色、图样等。
- "另存为新"按钮：保存当前填充颜色。
- "节点颜色"选项：指定选定的节点颜色。
- "节点透明度"选项：指定选定的节点颜色透明度。
- "节点位置"选项：指定中间节点相对于第一个节点和最后一个节点的位置。
- "调和方向"选项：调和两个选定的节点方向或选择一个中点。
- "类型"选项组：选择渐变填充的类型，有线性、椭圆、圆锥和矩形4个选项。
- "镜像、重复和反转"选项组：设置渐变颜色的镜像、重复和反转效果。
- "流"选项组：设置渐变填充使用的步长、颜色调和的速度及填充节点的平滑过渡。
- "变换"选项组：设置与对象相对的填充宽度、填充高度、向左向右水平偏移、向上向下垂直偏移、倾斜角度及旋转颜色渐变序列。

设置完成后单击"确定"按钮，即可对图形进行渐变填充。如图7-34所示为运用"渐变填充"选项卡中的设置填充各图形后的效果。

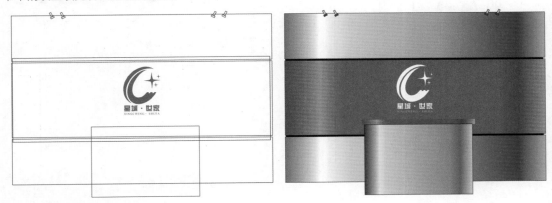

图7-34 渐变填充

[7.5 图样填充的3种方式

CorelDRAW X7为用户提供了3种图案：向量、位图和双色图样。其中，双色图样只包括选定的两种颜色；向量图样则是比较复杂的矢量图形；位图图样是一种位图图像，其复杂性取决于其大小、图像分辨率等。

 双色图样填充

用户可以选择"交互式填充"工具，在其属性栏上选择"双色图样填充" ▥ 类型，进行选择颜色或图案、设置图案大小、变换填充效果等填充操作。下面以"商场购物"广告设计为例，介绍其具体的操作方法。

> **应用案例** **双色图样填充**
> 素材：光盘\素材\第7章\商场购物.cdr 效果文件：光盘\效果\第7章\商场购物.cdr、
> 商场购物.jpg 视频：光盘\视频\第7章\7.5.1 双色图样填充.mp4

STEP 01 使用"选择工具"选择要填充的矩形对象，如图7-35所示。

STEP 02 选取工具箱中的"交互式填充"工具，在其属性栏左侧的填充类型中，选择"双色图样填充"，如图7-36所示，所选的图形对象即可被填充双色图样。

图7-35 选择填充对象

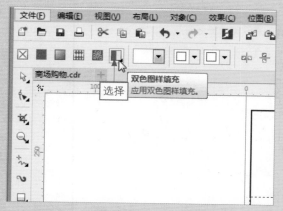

图7-36 选择"双色图样填充"

STEP 03 在其属性栏中，单击"第一种填充色或图样"下拉按钮，在弹出的下拉列表中，选择第一个图样，如图7-37所示。

STEP 04 然后单击"前景颜色"下拉按钮，在弹出的下拉列表中，设置CMYK参数值为8、4、36、0，如图7-38所示。

图7-37 选择第一个图样

图7-38 设置"前景颜色"

STEP 05 用同样的方法单击"背景颜色"下拉按钮，在弹出的下拉列表中，设置CMYK参数值为29、2、24、0，如图7-39所示。

STEP 06 设置完成后，即可为图像填充颜色。设计的背景墙纸效果如图7-40所示。

图7-39 设置"背景颜色"

图7-40 最终效果

7.5.2　向量图样填充

　　向量图样是比较复杂的矢量图形，通过"填充"图案对话框可以选择全色图案并填充到所选对象的内部，而且可以修改图案单元的大小，还可以设置平铺原点以精确地指定填充的起始位置。

 应用案例

向量图样填充
素材：光盘\素材\第7章\桌布设计.cdr　　效果文件：光盘\效果\第7章\桌布设计.cdr、桌布设计.jpg　视频：光盘\视频\第7章\7.5.2 向量图样填充.mp4

STEP 01 使用"选择工具"选择要填充的图形对象，如图7-41所示。

STEP 02 选取工具箱中的"交互式填充"工具，在其属性栏左侧的填充类型中，选择"向量图样填充"，如图7-42所示，所选的图形对象即被填充向量图样。

图7-41 选择填充对象

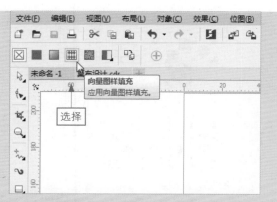

图7-42 选择"向量图样填充"

STEP 03 在其属性栏中，单击"填充挑选器"下拉按钮，❶在弹出的下拉列表中，选择"私人"选项，展开相应面板，❷选择第二个图样并双击，如图7-43所示。

STEP 04 执行上述操作后，即可应用向量图样，最终效果如图7-44所示。

图7-43 选择第二个图样

图7-44 最终效果

7.5.3 位图图样填充

位图图案填充主要是使用彩色图像进行填充，可以设置图案的旋转角度，从而使填充的图案更加真实。

应用案例

位图图样填充
素材：光盘\素材\第7章\优惠抢购.cdr　效果文件：光盘\效果\第7章\优惠抢购.cdr、优惠抢购.jpg　视频：光盘\视频\第7章\7.5.3 位图图样填充.mp4

STEP 01 使用"选择工具"选择要填充的图形对象，如图7-45所示。

STEP 02 选取工具箱中的"交互式填充"工具，在其属性栏左侧的填充类型中，选择"位图图样填充"，如图7-46所示，所选的图形对象即被填充位图图样。

图7-45 选择填充对象

图7-46 选择"位图图样填充"

STEP 03 在其属性栏中，单击"填充挑选器"下拉按钮，在弹出的下拉列表中，❶选择"私人"选项，展开相应面板，❷选择第二排第三个图样并双击，如图7-47所示。

STEP 04 执行上述操作后，即可应用位图图样，最终效果如图7-48所示。

图7-47 选择相应的图样

图7-48 最终效果

7.6 底纹填充

CorelDRAW X7提供了两种底纹填充方式：位图图案底纹及PostScript底纹。底纹填充会给人一种真实的感觉，是使用小块的位图填充对象，但使用这种方式填充对象，会增加文件的大小，直接影响操作速度。

7.6.1 底纹填充的两种方式

CorelDRAW X7预设了多种纹理样式，每一种纹理都提供了一组参数设置选项，对各选项重新设置，可以使用不同的颜色模式定义纹理填充效果。

1. 通过"底纹填充"选项卡

通过"底纹填充"选项卡，可以为图形填充底纹。下面介绍属性栏中"底纹填充"选项的使用方法。

 底纹填充
素材：光盘\素材\第7章\美肤广告.cdr 效果文件：光盘\效果\第7章\美肤广告.cdr、
美肤广告.jpg 视频：光盘\视频\第7章\7.6.1 底纹填充.mp4

STEP 01 选择"文件"|"导入"命令，导入素材图像，如图7-49所示，选择要填充底纹的图形对象。

STEP 02 单击工具箱中"交互式填充"工具，❶在其属性栏中单击"双色图样填充"右下角的黑色箭头，在展开的下拉列表中，❷选择"底纹填充"选项，如图7-50所示。

图7-49 导入素材图像

图7-50 选择"底纹填充"选项

STEP 03 ❶单击"底纹库"下拉按钮，❷在弹出的下拉列表中，选择"样本7"选项，如图7-51所示。

STEP 04 ❶单击"填充挑选器"下拉按钮，❷在"个人库"中选择第4排第5个底纹填充图样，如图7-52所示。

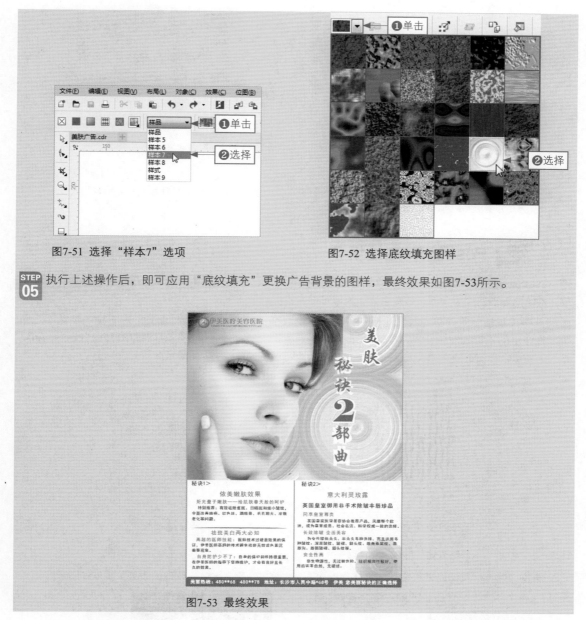

图7-51 选择"样本7"选项　　　　　　　　图7-52 选择底纹填充图样

STEP 05 执行上述操作后，即可应用"底纹填充"更换广告背景的图样，最终效果如图7-53所示。

图7-53 最终效果

　　用户可以对预设纹理进行修改，创建出独具特色的纹理填充，之后保存纹理，方便以后重复使用。单击属性栏中的"编辑填充"按钮，弹出"编辑填充"对话框，在其中单击"底纹库"右侧的"保存底纹"按钮 ，弹出"保存底纹为"对话框，如图7-54所示，在该对话框中设置各选项，单击"确定"按钮，即可将创建的纹理添加到样本纹理库中。

　　若要删除纹理，首先选择需要删除的纹理，单击"纹理库"右侧的"删除"按钮 ，即可删除纹理。

2．对象属性泊坞窗

　　在绘图页面选择要填充的图形对象，在菜单栏中选择"窗口"|"泊坞窗"|"对象属性"命令或者单击鼠标右键，在弹出的快捷菜单中选择"对象属性"命令，弹出"对象属性"泊坞窗，如图7-55所示，在该泊坞窗中设置各选项，单击"确定"按钮，也可为对象填充纹理图案。

图7-54 "保存底纹为"对话框

图7-55 "对象属性"泊坞窗

 7.6.2 PostScript底纹填色

PostScript纹理是CorelDRAW X7中使用PostScript语言设计的一种特殊的填充纹理。使用这种填充方式，系统的处理速度会变慢，导致填充不能够正确显示。

单击工具箱中的"交互式填充"工具，在其属性栏中单击"双色图样填充"右下角的黑色小三角块，在弹出的下拉列表中选择"PostScript填充"选项，或在"编辑填充"对话框中展开"PostScript填充"选项卡，在该选项卡中，选择纹理样式，并设置各项参数，如图7-56所示。

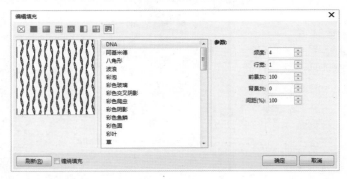

图7-56 "PostScript填充"选项卡

单击"确定"按钮，即可将图形填充为PostScrip纹理。填充PostScrip纹理的效果如图7-57所示。

图7-57 填充PostScript纹理

[7.7 交互式网状填充

使用"交互式网状填充"工具，可以轻松地创建复杂的网状填充效果。下面介绍具体操作。

STEP 01 选择"文件"|"导入"命令，导入素材图像，选择需要进行网状填充的图形，如图7-58所示，之后将其填充为红色。

STEP 02 选取工具箱中的"交互式填充"工具右下角的黑色小三角块，在弹出的工具组中，选择"网状填充"选项，在绘图页面单击心形图形，出现网状节点，如图7-59所示。

图7-58 选择图形

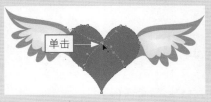

图7-59 单击心形图形

STEP 03 在其属性栏中设置"网格大小"为3×2，如图7-60所示，也可以双击节点，删除网格，或者在网格上双击，添加节点。

STEP 04 选中交叉节点，或者按住【Shift】键的同时选择多个节点，单击调色板中的"颜色块"，或者在颜色泊坞窗中设置其颜色，效果如图7-61所示。

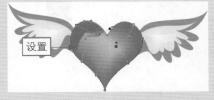

图7-61 设置填充颜色

图7-60 设置网格大小

STEP 05 用鼠标拖动控制柄至合适位置，改变颜色的填充方向，如图7-62所示。

图7-62 最终效果

7.8 设置轮廓属性的操作

CorelDRAW X7文件中的图形和文本都有轮廓，它们的轮廓可以像线条一样改变其宽度、颜色和样式等属性。选取工具箱中的"轮廓笔"工具，展开轮廓工具组，如图7-63所示。

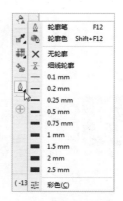

图7-63 轮廓工具组

设置轮廓宽度的5种方法

设置轮廓线的宽度有以下5种方法。

- "轮廓笔"对话框：选择轮廓图形，单击轮廓工具组中的"轮廓笔"选项，即可弹出"轮廓笔"对话框。

- 快捷键：按【F12】键，也可以弹出"轮廓笔"对话框，如图7-64所示。

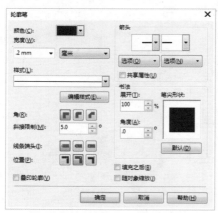

图7-64 "轮廓笔"对话框

在"宽度"下拉列表中选择需要的选项，单击"确定"按钮，即可改变轮廓的宽度。如图7-65所示为改变轮廓宽度前后效果对比。

- 在工具组中选择轮廓样式：在轮廓工具组中可以直接设置轮廓的宽度，选择需要的轮廓线样式，单击"确定"按钮，即可改变轮廓的宽度。

- 属性按钮：选择需要改变轮廓的图形，在其属性栏中的"轮廓宽度"下拉列表选择轮廓样式，也可改变轮廓的宽度。

图7-65 改变轮廓宽度前后效果对比

- "对象属性"泊坞窗：选择轮廓图形，选择"窗口"|"泊坞窗"|"属性管理器"命令，弹出"对象属性"泊坞窗，单击"轮廓"选项卡，切换至"轮廓"选项设置界面，如图7-66所示，在该对话框中也可以修改轮廓的宽度。

图7-66 "对象属性"泊坞窗

7.8.2　设置轮廓颜色的6种方法

设置轮廓线颜色有以下6种方法：

● "轮廓颜色"对话框：选择轮廓图形，单击轮廓工具组中的"轮廓色"选项，弹出"轮廓颜色"对话框，如图7-67所示。

图7-67　"轮廓颜色"对话框

在该对话中设置轮廓颜色，单击"确定"按钮，即可改变轮廓颜色。如图7-68所示为改变轮廓颜色效果。

图7-68　改变轮廓颜色

● "轮廓笔"对话框：选择需要改变轮廓色的图形，单击轮廓工具组中的"轮廓笔"选项，弹出"轮廓笔"对话框，在"颜色"调板中选择颜色，单击"确定"按钮，即可改变轮廓的颜色。

● 鼠标右键：选择需要改变轮廓色的图形，在调色板的色块上单击鼠标右键，也可以改变轮廓的颜色。

● 颜色泊坞窗：选择轮廓图形，单击轮廓工具组中的"彩色"选项，弹出颜色泊坞窗，如图7-69所示，选取相应的颜色，单击"轮廓"按钮，即可改变所选图形的轮廓。

图7-69　颜色泊坞窗

● 菜单命令：选择轮廓图形，选择"窗口"|"泊坞窗"|"彩色"命令，也能弹出颜色泊坞窗。

● 快捷键：按【Shift+F12】组合键，即可弹出"轮廓颜色"对话框，在对话框中设置轮廓色。

7.8.3　设置轮廓样式的两种方法

CorelDRAW X7预设的轮廓样式有的以线段构成，有的以点构成，有的以线段和点构成，从而为轮廓设置各种不同的样式。

设置轮廓样式有两种方法。

● "轮廓笔"对话框：选择需要改变轮廓样式的图形，单击轮廓工具组中的"轮廓笔"选项，弹出"轮廓笔"对话框，在"样式"下拉列表中选择轮廓样式，单击"确定"按钮，即可改变轮廓的样式。

● "对象属性"泊坞窗：选择轮廓图形，选择"窗口"|"泊坞窗"|"对象属性"命令，弹出"对象属性"泊坞窗，选择"轮廓"选项卡，在其中的"样式"下拉列表中也可以改变轮廓的样式。

在绘图页面选择要改变的曲线图形，打开"轮廓笔"对话框，在该对话框的"样式"下拉列表中选择轮廓样式，单击"确定"按钮，即可改变轮廓样式，如图7-70所示为设置轮廓为虚线前后效果对比。

图7-70 设置轮廓样式前后效果对比

在"轮廓笔"对话框中，在"角"选项组中，可以设置角的转角样式，有斜接角、圆角和斜角，如图7-71所示。

斜接角矩形　　　　　　圆角矩形　　　　　　斜角矩形

图7-71 转角样式

在"线条端头"选项组中也可以设置线条两端的样式，有方形端头、圆形端头和延伸方形端头3种样式，如图7-72为运用圆形端头直线所绘制的三角形。

若要编辑选中的轮廓，可以单击"高级"按钮，弹出"编辑线条样式"对话框，如图7-73所示，拖动滑块可以加大虚线点之间的间距；单击"添加"按钮，可以将编辑好的轮廓添加到"轮廓样式选择器"下拉列表中；单击"替换"按钮，可以用编辑后的轮廓替换原轮廓线。

图7-72 运用圆形直线绘制的三角形　　　图7-73 "编辑线条样式"对话框

7.8.4 为线条添加箭头的5种方法

用户可为线条添加箭头，指定方向，CorelDRAW X7预设了多种箭头样式，有5种方法可以添加箭头。

- "轮廓笔"对话框：选择要添加箭头的曲线，按【F12】键，弹出"轮廓笔"对话框，在该对话框中的"箭头"选项组中，分别选择起始点箭头和终止箭头样式，单击"确定"按钮，即可为线条添加箭头，如图7-74所示。

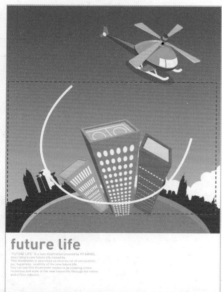

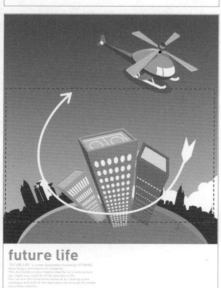

图7-74 添加箭头前后效果对比

- 属性栏：选择线条，在其属性栏的"起始箭头选择器"下拉列表中可以选择起始箭头样式；在"终止箭头选择器"下拉列表中可以选择终止箭头样式，也可以为线条添加箭头。

- "对象属性"泊坞窗：选择线条，选择"窗口" | "泊坞窗" | "对象属性"命令，弹出"对象属性"泊坞窗，单击"轮廓"选项卡，如图7-75所示，在箭头选项区域，分别选择起始箭头和终止箭头样式，也可添加箭头。

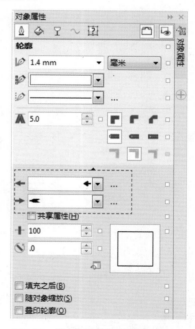

图7-75 "对象属性"泊坞窗

- 快捷菜单：选择线条，单击鼠标右键，在弹出的快捷菜单选择"属性管理器"命令，也可以弹出"对象属性"泊坞窗，从而为线条添加箭头。

- 快捷键：按【Alt + Enter】组合键，也可以弹出"对象属性"泊坞窗，从而为线条添加箭头。

[7.9 专家支招

清除轮廓属性有4种方式。

- 轮廓工具组：选择轮廓图形，单击轮廓工具组中的"无轮廓"选项 ⊠ ，即可清除轮廓，如图7-76所示为清除对象轮廓前后效果对比。

图7-76 清除轮廓前后效果对比

- "无轮廓"按钮：选择轮廓图形，单击调色板上方的"无轮廓"按钮⊠，也可以清除轮廓。
- "对象属性"泊坞窗：选择轮廓图形，选择"窗口"|"泊坞窗"|"对象属性"命令，弹出"对象属性"泊坞窗，在"宽度"下拉列表中选择"无"选项，也可以清除轮廓。
- "轮廓笔"对话框：选择轮廓图形，单击轮廓工具组中的"轮廓笔"选项，弹出"轮廓笔"对话框，在"宽度"下拉列表中选择"无"选项，单击"确定"按钮，也可以清除轮廓。

[7.10 总结扩展

在中文版CorelDRAW X7中，为制作的图形对象填充颜色，可以增加作品的美观性，设计出具有时尚特色的作品，本章详细讲解了填充颜色工具的多种打开方式以及操作方法，可以帮助用户细致地了解填充工具的作用及使用方法。

本章小结

通过学习本章内容，用户可以掌握运用"颜色滴管"工具选取颜色，以及运用调色板、"智能填充"工具、"对象属性"泊坞窗、"交互式填充"工具、"渐变填充"选项卡填充色彩的方法，以及制作双色图案、向量图案、位图图案、底纹填充、交互式网状填充等方法，以及设置图形轮廓属性等内容，希望读者在学完本章后可以熟练运用各个填充工具，设计出更多、更好的作品。

7.10.2 举一反三——复制所有属性

在CorelDRAW X7中，当设置好图形对象的属性后，可以将其复制到其他图形对象上，下面介绍具体的操作方法。

> **应用案例**
>
> **举一反三——复制所有属性**
>
> 素材：光盘\素材\第7章\花样少女.cdr　效果文件：光盘\效果\第7章\花样少女.cdr、花样少女.jpg　视频：光盘\视频\第7章\7.10.2 举一反三——复制所有属性.mp4

STEP 01 选择"文件"|"导入"命令，导入一幅人物插画图像，选择已经设置好的轮廓图形，如图7-77所示。

STEP 02 按住鼠标右键将其拖动到右侧的图形上，释放鼠标，如图7-78所示。

图7-77 选择已设置好的轮廓图形

图7-78 拖到右侧的图形上

STEP 03 在弹出的快捷菜单中选择"复制所有属性"命令，如图7-79所示。

STEP 04 执行操作后，即可以复制图形对象的所有属性，如图7-80所示。

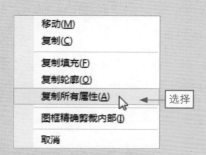

图7-79 选择"复制所有属性"命令

图7-80 复制所有属性

读书
笔记

第8章　文本效果：画龙点睛突出广告主题

CorelDRAW不仅是一个功能强大的矢量图形处理软件，还具有强大的文字处理功能，不亚于某些专业的文字处理软件。在平面设计中，文字是一个重要的要素，它起着表现主题和强化要点的作用。本章将详细介绍在中文版CorelDRAW X7中编辑文字的操作方法。

本章学习重点

创建文本广告

创建路径文本的 3 种方法

导入文本的两种方法

设置文本

图文混排

[8.1　创建文本广告

在中文版CorelDRAW X7中，美术文本适用于文字较少或需要制作特殊效果的文字，而段落文本适用于编辑文字较多的大型文本。

8.1.1　创建美术文本

在中文版CorelDRAW X7中创建美术文本的方法有两种。

1. 直接在绘图页面中添加美术文本

具体操作步骤如下：

● 选取工具箱中的文本工具，单击属性栏中的"横排文字"按钮。

● 将鼠标指针移到绘图页面中，单击鼠标左键定位插入点，然后输入文本，所输入的文本就是美术文本，用这种方法输入的文字依次由左到右排列，直到按回车键才会换行，如图8-1所示。

● 在选取文本工具后，单击属性栏中的"竖排文字"按钮，在绘图页面中输入的文字便为竖排文字效果，如图8-2所示。

图8-1　直接添加美术文字

图8-2　输入竖排文字效果

2. 在绘图页面中利用剪贴板添加美术文本

在CorelDRAW X7中，可以快捷方便地通过Windows剪贴板的复制和粘贴功能，添加美术文本。

如果在一些专业的文字处理软件中输入了文本，通过"复制"和"粘贴"命令，可以快速地将文本添加到CorelDRAW X7中来。

下面以将"记事本"中的文本添加到CorelDRAW X7中为例，来介绍这一功能，其具体操作步骤如下：

● 在"记事本"中选中要添加的文本，然后选择"编辑"|"复制"命令，并关闭"记事本"应用程序。

● 在CorelDRAW X7工作窗口中，选取工具箱中的文本工具，在绘图页面中单击定位插入点。

● 选择"编辑"|"粘贴"命令或按【Ctrl+V】组合键，将剪贴板上的文本添加到CorelDRAW X7中，如图8-3所示。

图8-3 利用剪贴板添加的美术字

8.1.2 创建段落文本

在CorelDRAW X7中，段落文本有很多种编排选项，利用这些选项可以创建丰富的文本样式。要添加段落文本，首先要在绘图页面中运用文本工具绘出一个段落文本框，然后再输入文本，这样输入的文字会被限制在所绘文本框中。

在系统默认状态下，段落文本框的外形是一个固定大小的矩形，输入的文本都被框在矩形区域内，如果输入的文本超过文本框的大小，输入的文字将自动换行。如果输入的文本没有一定界限，可以使用可变文本框来输入文本，用这种方法输入的段落文字，文本框会按照输入文字的多少改变大小。

专家指点

设置可变文本框的方法为：选择"工具"|"选项"命令，或在标尺栏上双击，在弹出的"选项"对话框中，依次展开"工作空间"|"文本"|"段落"选项，然后在右边的"段落"设置界面中，选中"按文本扩大及缩小段落文本框"选项，然后单击"确定"按钮即可。

1. 直接在绘图页面中添加段落文本

具体操作步骤如下：

● 选取工具箱中的文本工具，将鼠标指针移到绘图页面中，按下鼠标左键拖动，在鼠标拖动的区域会出现一个段落文本框，拖到所需大小后释放鼠标，即可创建一个段落文本框。

● 在默认状态下，文本光标位于文本框的左上角，如图8-4所示。

● 在文本框中输入的文字以默认的左对齐方式依次从左到右排列，如图8-5所示。

图8-4 段落文本框

图8-5 添加段落文本

2．在绘图页面中利用剪贴板添加段落文本

具体操作步骤如下：

在Word文档中输入一段段落文字，选中输入的文字，按【Ctrl＋C】组合键，复制输入的文字。在CorelDRAW X7工作窗口中，选取工具箱中的文本工具，按下鼠标左键拖动，在鼠标拖动的区域会出现一个段落文本框，拖到所需大小后释放鼠标，即创建了一个段落文本框。

按【Ctrl＋V】组合键，此时弹出"导入/粘贴文本"对话框，如图8-6所示。选中相应的选项，单击"确定"按钮，便将剪贴板上的文本添加到CorelDRAW X7中了，如图8-7所示。

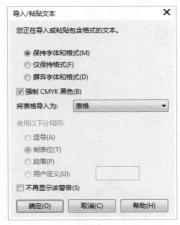

图8-6　"导入/粘贴文本"对话框　　　图8-7　利用剪贴板添加段落文本

3．美术文本与段落文本之间的区别

段落文本与美术文本最大的不同就在于，段落文本是在文本框中输入的，在输入文字之前，首先要根据输入文字的多少制定一个文本框，然后再进行文字输入。

系统将所有输入的段落文本作为一个对象进行处理，它最大的好处是文字能够自行换行，且能很好地对齐，并且段落文本有多种编排选项，可以添加项目符号、缩排及分栏等。

系统将输入的美术文本当作曲线对象来处理，可以像处理图形对象一样对其进行处理，如可以对其运用调和、立体化、轮廓化等效果。美术文本不受文本框的限制，不能自动换行，必须按回车键才可以换行。

8.1.3　在图形内输入文本

应用文本工具可以给企业标志素材添加文字效果，下面介绍具体的操作步骤。

在图形内输入文本

素材：光盘\素材\第8章\企业标志.cdr　　效果文件：光盘\效果\第8章\企业标志.cdr、企业标志.jpg　视频：光盘\视频\第8章\8.1.3　在图形内输入文本.mp4

STEP 01 选取工具箱中的文本工具，在页面中制作的标志下方单击，确认起始点，在属性栏中设置"字体"为"方正大黑简体"、"字体大小"为80pt，输入文字Huaxing，效果如图8-8所示。

STEP 02 将鼠标指针置于输入的H文字右侧，按下鼠标左键拖动，选中输入的u文字，在"对象属性"泊坞窗中，设置选中文字的"文本颜色"为红色（CMYK的参考值分别为0、91、100、0），效果如图8-9所示。

图8-8 输入的文字

图8-9 更改文字的填充色

STEP 03 选取工具箱中的文本工具，在输入的Huaxing文字下方单击，确定插入点，在属性栏中设置各选项，然后输入文字building，与前面输入文字的步骤相同，如图8-10所示。

STEP 04 选中输入的u文字，在调色板中单击"红色"色块，设置选中文字的填充色为"红色"，效果如图8-11所示。

图8-10 输入的文字

图8-11 更改文字的填充色

STEP 05 在页面中，将鼠标指针置于输入的building文字右侧单击，确定插入点，在属性栏中设置"字体"为"方正大黑简体"、"字体大小"为95pt，输入文字"华兴建筑"，效果如图8-12所示。

图8-12 输入的文字

8.2 创建路径文本的3种方法

使用CorelDRAW X7中的文本适合路径功能，可以将文本对象嵌入到不同类型的路径中，文字具有更多变化的外观。除此之外，还可以设定文字排列的方式、文字的走向及位置等。

8.2.1 直接创建路径文本

直接创建路径文本就是在页面上绘制一条路径，然后选择文本工具，在所绘制的路径上单击，输入所需文字，此时所输入的文字会沿着路径的形状而变化，下面介绍具体的操作方法。

> **应用案例**
>
> **直接创建路径文本**
> 素材：光盘\素材\第8章\春天风景画.cdr　效果文件：光盘\效果\第8章\春天风景画.cdr、
> 视频：光盘\视频\第8章\8.2.1 直接创建路径文本.mp4

STEP 01 选择"文件"|"打开"命令，或按【Ctrl＋O】组合键，打开一幅素材图形，如图8-13所示。

STEP 02 选取工具箱中的"贝塞尔"工具，在图形对象上绘制一条路径，如图8-14所示。

图8-13 打开素材图形

图8-14 绘制路径

STEP 03 选取工具箱中的文本工具，移动鼠标指针至绘图页面，在所绘制的路径上单击，确定文字的插入点，如图8-15所示。

STEP 04 输入文字"春天的脚步唤醒沉睡的大地"，如图8-16所示。

STEP 05 确定所输入的文字为选择状态，在文本工具的属性栏中，设置"字体"为"经典繁毛楷"、"字体大小"为32pt。

STEP 06 移动鼠标指针至调色板上，单击"白色"色块，为文本填充颜色，效果如图8-36所示。

图8-15 鼠标指针形状

图8-16 输入的文字

STEP 07 选取工具箱中的"形状工具"，选取所绘制的路径，在调色板上的"黄色"色块上单击鼠标右键，为路径填充颜色，效果如图8-37所示。

图8-17 设置文本的颜色

图8-18 设置路径的颜色

8.2.2 使用"使文本适合路径"命令

在CorelDRAW X7中，可以使用菜单命令中的"使文本适合路径"命令，将文本嵌入路径。在制作文本适合路径效果时，所选择的路径可以是矢量图，也可以是曲线，下面介绍具体的操作方法。

应用案例 使用"使文本适合路径"命令
素材：光盘\素材\第8章\制作风景画.cdr 效果文件：光盘\效果\第8章\制作风景画.cdr、制作风景画.jpg 视频：光盘\视频\第8章\8.2.2 使用"使文本适合路径"命令.mp4

STEP 01 选择"文件"|"打开"命令，或按【Ctrl+O】组合键，打开一幅素材图形，如图8-19所示。

STEP 02 选取工具箱中的"椭圆工具"，移动鼠标指针至绘图页面，在图形对象上绘制一个椭圆形，如图8-20所示。

图8-19 打开素材图形

图8-20 绘制椭圆形

STEP 03 选取工具箱中的文本工具，在图形对象上输入文字，如图8-21所示。

STEP 04 确定所输入的文字为选中状态，按住【Shift】键的同时，选择绘制的椭圆形，然后选择"文本"|"使文本适合路径"命令，此时，文字沿路径进行排列，效果如图8-22所示。

图8-21 输入的文字

图8-22 文本适合路径效果

STEP 05 设置"字体"为"隶书"、"字体大小"为40pt、"填充颜色"为"浅黄"，并将路径的填充颜色设置为"黄色"，最终效果如图8-23所示。

图8-23 最终效果

使用属性栏调整嵌入路径的文字

将文字嵌入路径后，还可以通过属性栏对文字进行调整。使用工具箱中的"选择工具"选取嵌入路径的文字，在属性栏中会自动显示出如图8-24所示的设置选项。

图8-24 文字属性栏

文字属性栏中各主要选项含义如下。

● "文本方向"选项 　：以路径的弧度旋转字母，这是文字的默认方向。
● "与路径的距离"选项 1.554 mm ：表示将每一个文字在路径上垂直延伸。
● "偏移"选项 4.013 mm ：表示将第一个文字在路径上水平延伸。
● "贴齐标记"按钮 贴齐标记 ▾：指定贴齐文本到路径的增量。

8.3 导入文本的两种方法

在杂志、报纸的排版过程中，经常会将大段的、已编好的文本插入到页面中，这些编辑好的文本都是用其他的文字处理软件输入的，使用CorelDRAW X7的导入功能，可以方便快捷地完成输入文本的操作，又可以避免输入文字的麻烦。

从剪贴板中导入文本

CorelDRAW是基于Windows的应用程序，与其他的Windows应用程序相同，它可以借助剪贴板在两个运行的程序中彼此交换信息。

在记事本或Word等应用中选择要添加至CorelDRAW中的文本，选择"编辑"|"复制"命令，或按【Ctrl＋C】组合键，将文本复制到剪贴板中。之后，选择"编辑"|"粘贴"命令，或按【Ctrl＋V】组合键，弹出"导入/粘贴文本"对话框，如图8-25所示。

该对话框中各主要选项含义如下。

● "保持字体和格式"单选按钮：选中该单选按钮，表示在粘贴时保留文本文字的字体和段落格式。

● "仅保持格式"单选按钮：选中该单选按钮，表示在粘贴时仅保留文本文字的段落格式。

● "摒弃字体和格式"单选按钮：选中该单选

按钮，表示在粘贴时不保留文本文字的字体和段落格式。

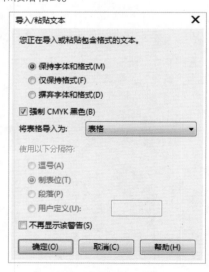

图8-25 "导入/粘贴文本"对话框

从剪贴板中导入文本制作报纸广告

素材：光盘\素材\第8章\制作报纸广告.cdr、报纸广告文字.doc 效果文件：光盘\效果\第8章\
制作报纸广告.cdr、制作报纸广告.jpg 视频：光盘\视频\第8章\8.3.1 从剪贴板中导入文本
制作报纸广告.mp4

STEP 01 选择"文件"|"打开"命令，或按【Ctrl + O】组合键，打开一幅素材图形，如图8-26所示。

STEP 02 在Word文件中，选择要添加至打开的素材图形文件中的文本段落，如图8-27所示，选择"编辑"|"复制"命令，将选择的文本复制至剪贴板中。

图8-26 打开的素材图形

图8-27 选择复制的段落文本

STEP 03 确定打开的素材图形文件为当前工作文件，选取工具箱中的文本工具，将鼠标指针移动至绘图页面，按下鼠标左键拖动，绘制一个矩形文本框，如图8-28所示。

STEP 04 选择"编辑"|"粘贴"命令，或按【Ctrl + V】组合键，弹出"导入/粘贴文本"对话框，如图8-29所示。

图8-28 创建的段落文本框

图8-29 "导入/粘贴文本"对话框

STEP 05 单击"确定"按钮，即可将复制的文本粘贴至段落文本框中，如图8-30所示。

STEP 06 选取工具箱中的文本工具，选取粘贴的段落文本，在属性栏中，设置"字体大小"为26pt，效果如图8-31所示。

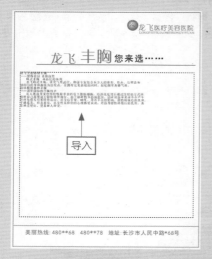

图8-30 粘贴文本

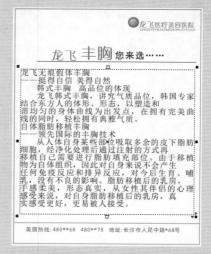

图8-31 更改字体大小

STEP 07 重复上一步操作，选取粘贴文本的第一行文字，在属性栏中设置"字体"为"黑体"、"字体大小"为31pt，单击调色板中的"红色"色块，为选择的文字填充颜色，如图8-32所示。

STEP 08 用同样的方法，为"自体脂肪移植丰胸"文字更改"字体""字体大小""颜色"，效果如图8-33所示。

图8-32 调整文字

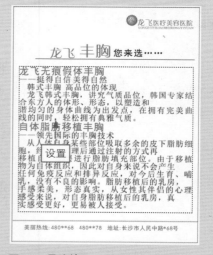

图8-33 最终效果

8.3.2 ## 使用菜单命令导入文本

选择"文件"|"导入"命令，或按【Ctrl+I】组合键，弹出"导入"对话框，如图8-34所示。

在该对话框中，选择需要导入的文本文件后，单击"导入"按钮，弹出"导入/粘贴文本"对话框，单击"确定"按钮，在绘图页面中出现一个光标，光标形状如图8-35所示，按下鼠标左键拖动，绘制出一个文本框，释放鼠标左键即可导入文本。

图8-34 "导入"对话框

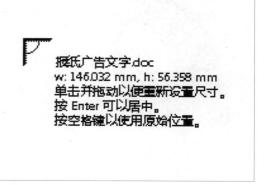

图8-35 光标形状

 应用案例

使用菜单命令导入文本制作眼部广告

素材：光盘\素材\第8章\制作眼部广告.cdr、眼部广告文字.doc　效果文件：光盘\效果\第8章\制作眼部广告.cdr、制作眼部广告.jpg　视频：光盘\视频\第8章\8.3.2 使用菜单命令导入文本制作眼部广告.mp4

STEP 01 选择"文件"|"打开"命令，或按【Ctrl+O】组合键，打开一幅素材图形，如图8-36所示。

STEP 02 选择"文件"|"导入"命令，或按【Ctrl+I】组合键，弹出"导入"对话框，在该对话框中，选择需要导入的文本文件，如图8-37所示。

图8-36 打开素材图形

图8-37 导入相应文本

STEP 03 单击"导入"按钮，弹出"导入/粘贴文本"对话框，单击"确定"按钮，在页面中出现一个光标，如图8-38所示，按下鼠标左键拖动，同时按住【Alt】键，可以绘制出一个不固定形态大小的文本框，释放鼠标后即可导入文本。

STEP 04 选取工具箱中的文本工具，选取导入的段落文本，在属性栏中，设置"字体"为"黑体"、"字体大小"为16pt，如图8-39所示。

STEP 05 重复上一步操作，选取粘贴文本的第一行文字，在属性栏中设置"字体大小"为31pt，单击"调色板"中的"红色"色块，为选择的文字填充颜色，如图8-40所示。

STEP 06 用同样的方法，为"伊美经典整形项目"文字更改"字体大小"和"颜色"，再适当调整文字的字距和行距，效果如图8-41所示。

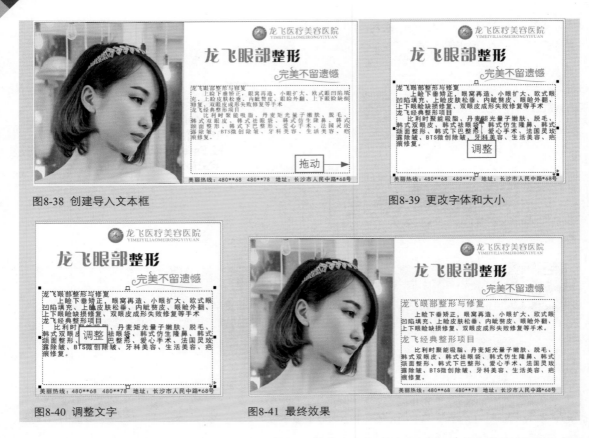

图8-38 创建导入文本框　　　　　　　　　　　图8-39 更改字体和大小

图8-40 调整文字　　　　　　　　　　图8-41 最终效果

8.4 设置文本

与其他图形图像软件一样，在中文版CorelDRAW X7中，用户也可以对所创建的文本对象进行编辑，如设置字体、字号、文字样式、对齐方式等，从而使文本对象更符合整体版面的设计安排。

8.4.1 设置字体字号

美术文本和段落文本都可以通过"格式化文本"对话框精确地设置字符的属性，这些属性包括字体类型、大小等，下面介绍如何设置文本的字体类型和大小等属性。

1. 运用"文本属性"泊坞窗设置文本

运用"文本属性"泊坞窗设置文本的具体操作步骤如下：

🔘 选取工具箱中的文本工具，并在绘图页面中输入美术文本，如图8-42所示。

🔘 选取工具箱中的文本工具，将鼠标指针移到输入文本的起始处，按下鼠标左键向右拖动，选中要设置格式的全部或部分文本，如图8-43所示。

🔘 单击"字体"下拉按钮，在弹出的下拉列表中，选择"华文行楷"，按键盘上【Enter】键，即可设置字体，效果如图8-44所示。

🔘 单击"字体大小"列表框右侧的按钮，可以微调文本大小或直接在其文本框中输入数值，按键盘上

【Enter】键，即可设置文字的字号，效果如图8-45所示。

图8-42 输入美术文本

图8-43 选中文本

图8-44 更改字体

图8-45 设置字体、字号的最终效果

2．运用文本属性栏设置文本属性

运用文本属性栏设置文本属性的具体操作步骤如下：

选取工具箱中的文本工具，并在绘图页面中输入文本对象，选中需要设置格式的全部或部分文本对象，单击属性栏上"字体"下拉列表框右侧的下拉按钮，在弹出的下拉列表中选择一种字体，单击"粗体"按钮、"斜体"按钮或"下画线"按钮，还可以给文本对象添加不同的效果，为文本添加下画线的效果如图8-46所示。

图8-46 为选中文本添加下画线

8.4.2 设置文本样式

中文版CorelDRAW X7提供了9种文本样式，分别为"默认美术字""项目符号1""项目符号2""项目符号3""默认段落文本""特殊项目符号1""特殊项目符号2""特殊项目符号3"及"默认图形"，用户可以直接选择一种样式应用于文本对象。

运用"对象属性"泊坞窗和"项目符号"对话框设置文本样式的具体操作步骤如下：

● 选取工具箱中的文本工具，在绘图页面中输入一段段落文本，选取工具箱中的"挑选工具"或文本工具，选中需要设置格式的全部或部分文本对象。

● 选择"窗口"|"泊坞窗"命令，打开"对象属性"泊坞窗，单击"段落"选项卡，打开"项目符号"对话框，如图8-47所示。

● 单击"符号"下拉列表框右侧的下拉按钮，在弹出的下拉列表中选择相应的符号即可，如图8-48所示。

图8-47 "项目符号"对话框

图8-48 应用样式

8.4.3 设置文本的对齐方式

在CoreIDRAW X7中，可以对创建的美术文字或段落文字采用不同的对齐方式，以适合不同的版面需要。

美术文本是基于插入点的位置来对齐的，下面以使用文本属性栏对齐美术文本对象为例，来介绍文本的对齐方式，其具体操作步骤如下：

首先，选取工具箱中的文本工具，在绘图页面中单击鼠标，确定一个插入点并输入几行美术文字，然后选中输入的美术文字，如图8-49所示。

图8-49 输入并选中美术文本

其次，单击属性栏上的"水平对齐"按钮，弹出下拉列表，如图8-50所示。

再次，在弹出的下拉列表中选择"居中对齐"选项，效果如图8-51所示。

图8-50 对齐方式下拉列表

图8-51 段落文本居中对齐

选择其他对齐选项的效果如图8-52所示。

右对齐效果

全部调整对齐

强制调整对齐

左对齐

图8-52 其他对齐效果

8.4.4 设置字符间距

在CorelDRAW X7中，用户可以通过"文本属性"泊坞窗或"形状工具"调整字符间距。无论是美术文本还是段落文本，都可以精确地指定文本中的字符间距及行间距。

运用"形状工具"既可以方便地手动调整美术文本的字间距和行间距，又可以调整段落文本的行间距和列间距，并且可以让用户在进行调整时，看到文字的变化，比"文本属性"泊坞窗更直接、方便。

当运用"形状工具"调整字符间距时，每一个字符的左下角都有一个文字控制符，它使文字成为一个相对独立的单位，从而可以像处理图形对象一样，对该字符进行不同的操作。如果处理的对象是段落文本，则段落文本框的大小会保持不变。

1. 运用"文本属性"泊坞窗来设置字符间距

● 运用"文本属性"泊坞窗精确设置字符间距的具体操作步骤如下：

● 选取工具箱中的文本工具，在绘图页面上输入美术文字，并选中输入的文本，如图8-53所示。

● 选择"文本"|"文本属性"命令，打开"文本属性"泊坞窗，如图8-54所示。

● 单击"段落"选项卡左侧的箭头，展开"段落"选项区域，如图8-55所示。

● 设置"字符间距"为100%，按键盘上的【Enter】键，确定字符间距的设置，效果如图8-56所示。

图8-53 输入并选中文字

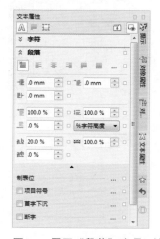

图8-55 展开"段落"选项区域

图8-54 "文本属性"泊坞窗

图8-56 设置字符间距

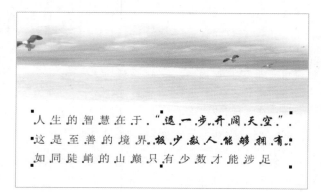

图8-57 设置行间距

🔵 设置"行间距"为150%，按键盘上的【Enter】键，确定行间距的设置，效果如图8-57所示。

2. 运用"形状工具"设置字符间距及行间距

运用"形状工具"设置字符间距及行间距的具体操作步骤如下：

🔵 选取工具箱中的文本工具，在绘图页面中输入美术文本，选取工具箱中"形状工具"，在输入的文本上单击，选中输入的文本，此时在选中文本对象的左下角出现文字控制符，在文本底部出现行距控制符和字间距控制符，效果如图8-58所示。

🔵 拖动字间距控制符可以调节字间距，拖动行距控制符可以调节行间距，效果如图8-59所示。

图8-58 节点及段落标记

图8-59 调节字间距及行间距后的效果

[8.5 图文混排

运用中文版CorelDRAW X7强大的图文混排功能，可以实现各种各样的图文混排效果，用户也可以对段落文本进行添加项目符号、首字下沉、文本分栏等段落格式的设置，使整个设计版面中心的文本对象更具整体性。下面分别介绍插入特殊字符，以及设置段落文本绕图、项目符号、首字下沉、文本分栏等图文混排效果的具体操作。

插入特殊字符

在中文版CorelDRAW X7中，可以将系统已经定义好的符号或图形插入到当前绘图页面中。

在文本中插入特殊字符的具体操作步骤如下：

● 选择"文本"|"插入字符"命令，弹出"插入字符"泊坞窗，如图8-60所示。

● 在"字体"下拉列表中选择一种字符类型，在下面的列表框中选择需要插入的字符，单击"插入"按钮或双击该字符即可插入字符，这里分别为插入的字符填充不同的颜色，效果如图8-61所示。

图8-60 "插入字符"泊坞窗

图8-61 插入字符

8.5.2 段落文本绕图

在中文版CorelDRAW X7中，段落文本绕图主要有两种方式：一是围绕图形的轮廓进行排列，另一种是围绕图形的边界框进行排列，如图8-62所示。

轮廓跨式文本　　　　　　　　　　　　边界跨式文本

图8-62 文本绕图的两种方式

段落文本绕图的具体操作步骤如下：

🔘 选取工具箱中的文本工具，在绘图页面中输入一段段落文本。

🔘 选择"文件"|"导入"命令，弹出"导入"对话框，选择一幅图片并将其导入到绘图页面中。

🔘 将导入的图片置于输入文本的上面，单击属性栏中的"文本换行"按钮🖃，弹出"换行样式"面板，如图8-63所示。

🔘 选择需要的换行样式，然后在"文本换行偏移"文本框中设置参数，设置好后，单击"确定"按钮，即可将段落文本围绕图形排列。

🔘 在"文本换行偏移"文本框中输入数值，可以设置段落文本与图形之间的间距。

图8-63 "换行样式"面板

🔘 设置好文本绕图后，如果还要对其进行修改，可运用"挑选工具"选中图形，然后单击属性栏中的"文本换行"按钮，在弹出的"换行样式"面板中重新设置。

🔘 若要取消文本绕图，可选择"换行样式"下拉列表中的"无"选项。

下面列出了各种换行样式的绕图效果，如图8-64所示。

轮廓文本左绕图　　　　　　　　　　　轮廓文本右绕图

图8-64 文本绕图的各种效果

春季送给女人们的礼物

方形文本左绕图　　　　　　　　方形文本右绕图

图8-64 文本绕图的各种效果（续）

8.5.3　添加项目符号

添加项目符号后可以使并列的段落文本风格统一、条理清晰。添加项目符号的具体操作步骤如下：

🔘 选取工具箱中的文本工具，在绘图页面中输入一段段落文本，运用工具箱中的"挑选工具"选中输入的段落文本对象，如图8-65所示。

🔘 选择"文本"|"项目符号"命令，弹出"项目符号"对话框，选中"使用项目符号"复选框，如图8-66所示。

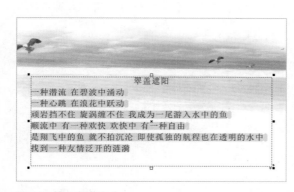

图8-65 输入段落文本

图8-66 "项目符号"对话框

🔘 在"外观"选项区域可以设置"字体""符号""大小""基线偏移"等选项。"字体"下拉列表框：用于选择项目符号的种类；"符号"下拉列表框：用于选择项目符号的样式；"大小"选项：用于控制项目符号的大小；"基线偏移"选项：用于设置项目符号的位置。

🔘 在"间距"选项区域可以设置"文本图文框到项目符号""到文本的项目符号"等选项。"文本图文框到项目符号"选项：用于控制项目符号与文本框的距离；"到文件的项目符号"选项：用于控制项目符号与文本的距离。

🔘 设置好后单击"确定"按钮，即可将项目符号添加到文本中，效果如图8-67所示。

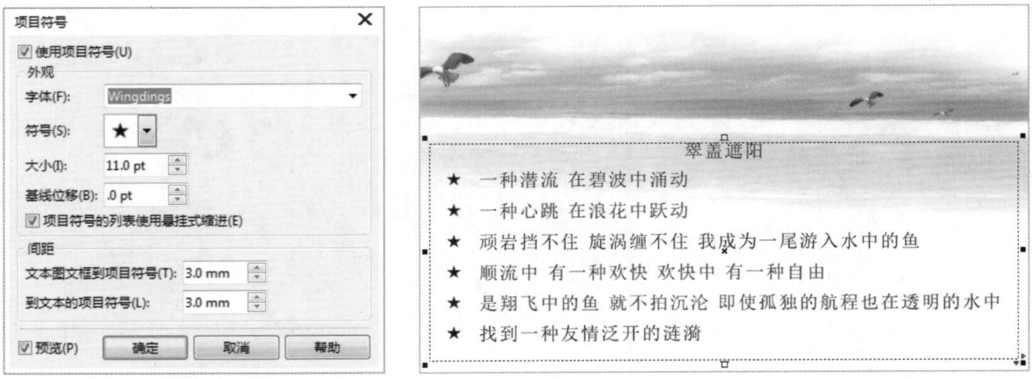

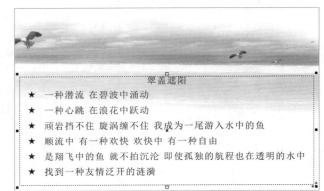

项目符号

×

☑ 使用项目符号(U)

外观

字体(F): Wingdings

符号(S): ★ ▼

大小(I): 11.0 pt

基线位移(B): .0 pt

☑ 项目符号的列表使用悬挂式缩进(E)

间距

文本图文框到项目符号(T): 3.0 mm

到文本的项目符号(L): 3.0 mm

☑ 预览(P)　　确定　取消　帮助

翠盖遮阳

★ 一种潜流 在碧波中涌动

★ 一种心跳 在浪花中跃动

★ 顽岩挡不住 旋涡缠不住 我成为一尾游入水中的鱼

★ 顺流中 有一种欢快 欢快中 有一种自由

★ 是翔飞中的鱼 就不拍沉沦 即使孤独的航程也在透明的水中

★ 找到一种友情泛开的涟漪

图8-67 各参数设置及添加项目符号的最终效果

应用案例　设置首字下沉

素材：光盘\素材\第8章\　效果文件：光盘\效果\第8章\首字下沉.cdr、首字下沉.jpg

视频：光盘\视频\第8章\8.5.3 设置首字下沉.mp4

　　首字下沉用于文章的开头，具有醒目的效果。应用首字下沉可以放大首字母或字，并将其插入到文本的正文中。用户可以根据需要更改首字下沉与文本正文的距离。

　　设置首字下沉的具体操作步骤如下：

STEP 01 选取工具箱中的文本工具，在绘图页面中输入一段段落文本，并运用"选择工具"，选中输入的段落文本对象，如图8-68所示。

STEP 02 将鼠标指针定位在需要应用首字下沉的段落前面，如图8-69所示。

想起母亲，我在他乡的黄昏写下歪歪斜斜的诗行，芬芳的墨迹，恰如母亲在故乡的天空里升起的淡蓝的炊烟。

我坐在远方这个美丽的山坡上，抬眼望去，晚风从故乡的麦田吹来。

母亲如深秋的远空里那一朵安详的云，默默地注视着我。

娘啊，请唤儿的乳名入梦。今夜，泪也他乡，梦也他乡。

......

母亲第一个从二月的冰上走过。走进圣洁的田野，她用熟悉的声音唤醒儿女。

输入

图8-68 输入的段落文本

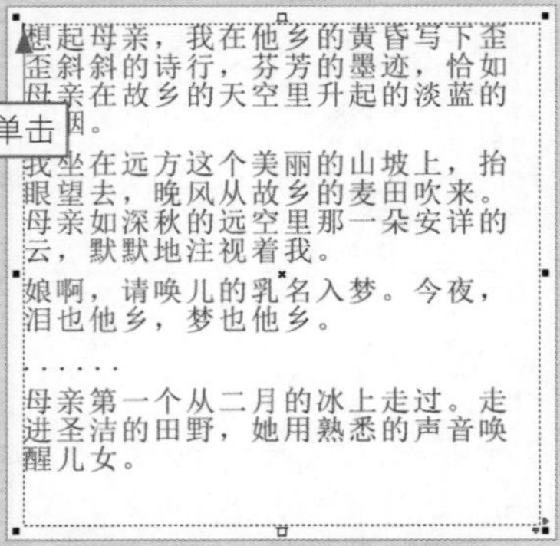

想起母亲，我在他乡的黄昏写下歪歪斜斜的诗行，芬芳的墨迹，恰如母亲在故乡的天空里升起的淡蓝的炊烟。

单击

我坐在远方这个美丽的山坡上，抬眼望去，晚风从故乡的麦田吹来。

母亲如深秋的远空里那一朵安详的云，默默地注视着我。

娘啊，请唤儿的乳名入梦。今夜，泪也他乡，梦也他乡。

......

母亲第一个从二月的冰上走过。走进圣洁的田野，她用熟悉的声音唤醒儿女。

图8-69 确定首字下沉的位置

STEP 03 选择"文本"|"首字下沉"命令，弹出"首字下沉"对话框，选中"使用首字下沉"复选框，具体设置如图8-70所示。

STEP 04 在"外观"选项区域可以设置"下沉行数""首字下沉后的空格"等选项。"下沉行数"选项：用于控制首字下沉的行数；"首字下沉后的空格"选项：用于控制首字与同行字的距离。

STEP 05 设置好后，单击"确定"按钮即可，效果如图8-71所示。

图8-70 "首字下沉"对话框

图8-71 首字下沉的效果

应用案例

设置文本分栏

素材：光盘\素材\第8章\文本分栏.cdr　效果文件：光盘\效果\第8章\文本分栏.cdr、
文本分栏.jpg　视频：光盘\视频\第8章\8.5.3 设置文本分栏.mp4

运用中文版CorelDRAW X7中提供的分栏功能，用户可以根据需要为段落文本创建不同的分栏效果。为段落文本创建分栏后，还可以进一步使用文本工具，在绘图页面中改变栏宽及栏间距。

设置文本分栏的具体操作步骤如下：

STEP 01 选择"文件"|"打开"命令，或按【Ctrl+O】组合键，打开一幅素材图形，如图8-72所示。

STEP 02 选择"文本"|"栏"命令，弹出"栏设置"对话框，如图8-73所示。

图8-72 打开素材图形

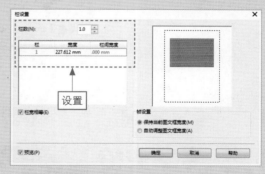

图8-73 "栏设置"对话框

STEP 03 在该对话框中设置"栏数"为2，选中"栏宽相等"复选框，选中"帧设置"选项区域中的"保持当前图文框宽度"单选按钮。

专家指点

- 在"栏数"数值框中输入数值，确定需要的栏数。
- 选中"栏宽相等"复选框，可以创建等宽的栏。

● 在"宽度"数值框中输入数值，可以设置栏的宽度，在"栏间宽度"数值框中输入数值，可以设置栏间宽度。

● 在"帧设置"选项区域中，选中"保持当前图文框宽度"单选按钮，可以在添加或删除栏时，不改变文本框的宽度；选中"自动调整图文框宽度"单选按钮，可以在添加或删除栏时，保持当前的栏宽不变，而文本框的宽度会自动调整。

STEP 04 设置完成后，单击"确定"按钮，效果如图8-74所示。

STEP 05 选取工具箱中的文本工具，将光标移到左分栏线或右分栏线上，鼠标指针变为双箭头形状，如图8-75所示。

图8-74 分栏效果

图8-75 鼠标指针在分栏线上的形状

STEP 06 按住鼠标左键拖动，可以改变栏宽和栏间距，效果如图8-76所示。

图8-76 改变栏与栏之间的宽度

[8.6 专家支招

在CorelDRAW X7中，美术文本与段落文本之间可以相互转换，即美术文本可以转换成段落文本，段落文本也可以转换成美术文本，而且美术文本还可以转换成曲线，用户可以将其作为曲线图形进行编辑。

通过按【Ctrl+F8】组合键，可以快速地将美术文本转换成段落文本，或者将段落文本转换成美术文本。美术文本与段落文本之间的属性存在区别，有的效果运用美术文本可以制作出来，而运用段落文本却制作不出来，如文字适合路径效果；有的效果运用段落文本可以制作出来，而运用美术文本却制作不出来，如文本环绕效果。

对文本对象可以设置字体，在进行图形设计时，字体库中的字体可能并不能满足用户的需求，此时，用户可以将文本转换为曲线，将文本作为图形对象进行编辑，可以任意地改变字体的形状。

【8.7 总结扩展

中文版CorelDRAW X7中的文本功能：对齐控制、首字下沉、制表符、项目符号和分栏，而且文本尺寸能被展示为英寸，特殊符号能被建立为连字符。用户能可视化地控制破折号、行间距、列间距、1/4行间距、可选择的连字符、非打散的连字符、非打散的空格和栏、框架等。

8.7.1 本章小结

在CorelDRAW X7中，除了可以进行常规的文本输入和编辑外，还可以进行复杂的特殊文本处理。在其中输入的文本分为美术文本和段落文本两种类型，结合使用文本工具和键盘可以制作各种文字效果。本章主要向读者介绍了输入与编辑文字、制作文字特殊效果、设置段落文本属性、插入特殊字符及制作文本路径效果等，还向读者介绍了转换文本对象的操作方法。

8.7.2 举一反三——制作房地产广告

应用案例

举一反三——制作房地产广告

素材：光盘\素材\第8章\房地产广告.jpg　效果文件：光盘\效果\第8章\房地产广告.cdr、房地产广告.jpg　视频：光盘\视频\第8章\8.7.2 举一反三——制作房地产广告.mp4

制作房地产广告效果的具体操作步骤如下：

STEP 01 选择"文件"|"打开"命令，或按【Ctrl + O】组合键，打开一幅素材图形，选取工具箱中的文本工具，移动鼠标指针至绘图页面，在图形对象的左上角单击，确定文字的插入点，然后输入文字，如图8-77所示。

STEP 02 使用文本工具选择输入的文字，在属性栏中设置"字体"为"方正大标宋简体"、"字体大小"为50pt，并在调色板中单击"白色"色块，为文字填充颜色，效果如图8-78所示。

图8-77 输入文字

图8-78 更改字体、大小及颜色

STEP 03 使用文本工具分别选择文字"庭""院""绿"，然后在属性栏中设置"字体大小"为33pt，效果如图8-79所示。

STEP 04 选择工具箱中的文本工具，移动鼠标指针至绘图页面，单击以确定文字的插入点并输入文字，在属性栏中设置"字体"为"方正大标宋简体"、"字体大小"为33pt，并在调色板中设置填充颜色为"白色"，如图8-80所示。

图8-79 更改字体大小

图8-80 输入文字并设置属性

STEP 05 使用文本工具选择"家"，在属性栏中设置"字体"为"华文行楷"、"字体大小"为60pt，更改后的效果如图8-81所示。

STEP 06 选取工具箱中的文本工具，移动鼠标指针至绘图页面，单击以确定文字的插入点并输入文字，在"对象属性"泊坞窗中设置"字体"为"方正大标宋简体"、"字体大小"为28pt、"颜色"为红色（CMYK的参考值分别为0、100、100、0）。

STEP 07 设置完成后，即可得到相应的文字效果，如图8-82所示。

图8-81 更改字体

图8-82 输入文字并设置属性

STEP 08 重复上两步操作，在"对象属性"泊坞窗中设置"字体"为"华文行楷"、"字体大小"为22pt、"颜色"为红色（CMYK的参考值分别为0、100、100、0）。

STEP 09 设置完成后，即可得到相应的文字效果，如图8-83所示。

STEP 10 选取工具箱中的"贝塞尔"工具，移动鼠标指针至绘图页面，绘制路径，并在属性栏中设置"轮廓宽度"为0.05cm，效果如图8-84所示。

STEP 11 选取工具箱中的文本工具，移动鼠标指针至绘图页面，单击以确定文字的插入点，在属性栏中设置"字体"为"黑体"、"字体大小"为12pt，移动鼠标指针至绘图页面，在图形对象的下方输入文字，效果如图8-85所示。

STEP 12 在上一步输入的文字的最后一个字符后面按【Enter】键，进行换行，然后输入文本，如图8-86所示。

图8-83 输入文字并设置属性

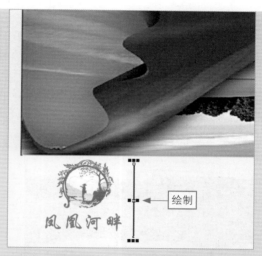

图8-84 绘制直线并设置宽度

图8-85 输入文字

图8-86 输入的其他文字

STEP 13 选项取工具箱中的"贝塞尔"工具，在所输入的文字右侧绘制一条路径，如图8-87所示。

STEP 14 选取工具箱中的"矩形工具"，移动鼠标指针至绘图页面，在图形对象的右下方按下鼠标左键拖动，绘制一个矩形，如图8-88所示。

图8-87 绘制路径

图8-88 绘制矩形

STEP 15 选取工具箱中的文本工具，移动鼠标指针至绘图页面，单击以确定文字插入点，在属性栏中设置"字体"为"黑体"、"字体大小"为14pt，在调色板中设置填充颜色为"黑色"。

STEP 16 移动鼠标指针至绘图页面，在所绘制的矩形内输入文字"河畔热线"，如图8-89所示。

STEP 17 移动鼠标指针至绘图页面，单击以确定文字的插入点，在属性栏中设置"字体"为"华文新魏"、"字体大小"为18pt，并在调色板中设置填充颜色为"黑色"。

STEP 18 设置完成后，输入相应的文字，如图8-90所示。

图8-89 输入文字

图8-90 输入文字

STEP 19 移动鼠标指针至绘图页面，单击以确定文字的插入点，在属性栏中设置"字体"为"黑体"、"字体大小"为14pt，在矩形内输入其他文字，效果如图8-91所示。

图8-91 输入其他文字

第9章 表格效果：准确直观的高视觉展示

表格在实际运用中比较常见，海报、招贴画、宣传单等上面均可见它的身影。在绘图过程中，可以根据图形或文字编排的需要，在绘制的表格中插入行或列。

【9.1】 创建新表格

在CorelDRAW X7中，经常会用到表格，而且往往占据比较重要的位置。

9.1.1 使用命令创建新表格

在CorelDRAW X7中，可以使用命令创建表格，下面介绍具体的操作步骤。

- 选择"表格" | "创建新表格"命令，弹出"创建新表格"对话框，即可设置表格的属性，如图9-1所示。

- 单击"确定"按钮，即可生成相应属性的表格，如图9-2所示。

图9-1 "创建新表格"对话框

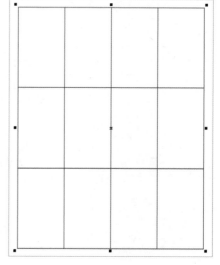

图9-2 创建新表格

9.1.2 使用表格工具绘制表格

在CorelDRAW X7中，还可以使用工具箱中的"表格工具"创建表格，下面介绍具体的操作步骤。

选取工具箱中的"表格工具"，在绘图页面上按住鼠标左键拖动，释放鼠标后即可生成表格。如图9-3所示。

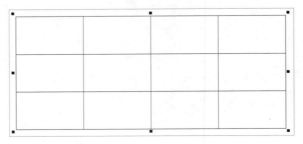

图9-3 绘制表格

应用案例 制作课程表

素材：光盘\素材\第9章\　效果文件：光盘\效果\第9章\课程表.cdr、课程表.jpg
视频：光盘\视频\第9章\9.1.2 制作课程表.mp4

STEP 01 选取工具箱中的"表格工具"，在属性栏中，设置"行数和列数"均为8、"边框选择"为"全部"、"轮廓宽度"为0.5mm，移动鼠标指针至绘图页面，按下鼠标左键拖动，绘制一个表格图形，释放鼠标后即可创建一个表格，如图9-4所示。

STEP 02 选取工具箱中的"贝塞尔"工具，在第一行的第一个小矩形里，绘制两条斜线，并在属性栏中设置这两条斜线的"轮廓宽度"为0.5mm，如图9-5所示。

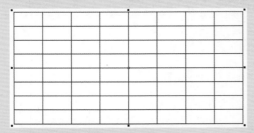

图9-4 创建表格

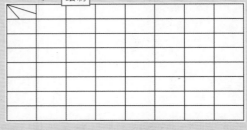

图9-5 绘制线段

STEP 03 选取工具箱中的文本工具，在属性栏中，设置"字体"为"隶书"、"字体大小"为12pt，移动鼠标指针至绘图页面，在第一行的第一个矩形内输入相应的文字，如图9-6所示。

STEP 04 用同样的方法，在属性栏中，设置好文字的字体、字体大小，输入其他文字，然后选中文字，在属性栏上设置"文本对齐"为"居中"、"垂直对齐"为"垂直居中对齐"，效果如图9-7所示。

图9-6 输入的文字

课时\课程	星期一	星期二	星期三	星期四	星期五	星期六	星期日
第1节	语文	语文	语文	语文	语文		
第2节	数学	数学	数学	数学	数学		
第3节	英语	英语	英语	英语	英语		
第4节	历史	历史	历史	历史	历史		
第5节	政治	政治	政治	政治	政治		
第6节	地理	地理	地理	地理	地理		
第7节	生物	生物	生物	生物	生物		

图9-7 输入其他的文字

9.2 编辑表格属性

在CorelDRAW X7中，表格属性的设置尤为重要，主要包括表格背景效果的填充、表格或单元格边框的设置、行高和列宽的设置等。

9.2.1 设置表格背景填充效果

下面介绍在CorelDRAW X7中设置表格背景填充效果的具体操作步骤。

● 选取工具箱中的"表格工具"，绘制一个表格，在属性栏中设置"背景色"为黄色（CMYK参数值为0、0、100、0），效果如图9-8所示。

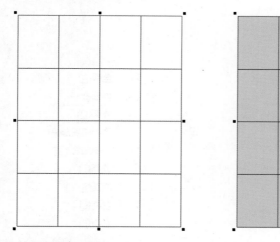

图9-8 填充表格背景

● 选取工具箱中的"表格工具"，绘制一个表格，在表格上双击其中一个单元格，在属性栏中设置"背景色"为黄色（CMYK参数值为0、0、100、0），就能单独填充选中的单元格，效果如图9-9所示。

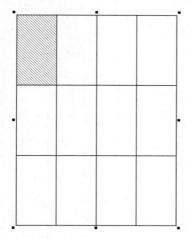
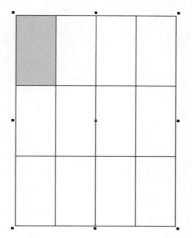

图9-9 为选中单元格填充背景

9.2.2 设置表格或单元格的边框

下面介绍在CorelDRAW X7中设置表格或单元格边框的具体操作步骤。

应用案例

设置表格边框颜色

素材：光盘\素材\第9章\　效果文件：光盘\效果\第9章\设置表格边框颜色.cdr、设置表格边框颜色.jpg　视频：光盘\视频\第9章\9.2.2 设置表格边框颜色.mp4

STEP 01 选取工具箱中的"表格工具"，按住鼠标左键拖到合适位置，释放鼠标，即可绘制一个表格，效果如图9-10所示。

STEP 02 在属性栏上设置"边框选择"为"外部"，如图9-11所示。

图9-10 绘制表格

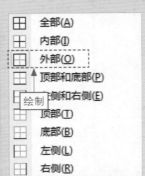

图9-11 设置"边框选择"为"外部"

STEP 03 设置"轮廓颜色"为绿色（CMYK参数值为100、0、100、0），效果如图9-12所示。

STEP 04 选取工具箱中的"选择工具"，选中表格，再选取"形状工具"，在表格上单击选中其中一个单元格，如图9-13所示。

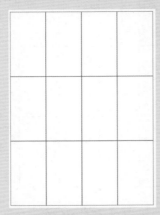

图9-12 设置表格外部边框颜色

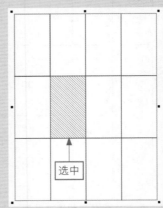

图9-13 选中单元格

STEP 05 在属性栏上设置"轮廓颜色"为蓝色（CMYK参数值为100、100、0、0），就能单独设置选中单元格的边框颜色，效果如图9-14所示。

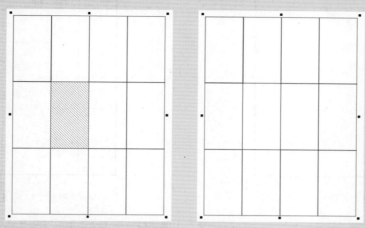

图9-14 设置选中单元格的边框颜色

应用案例 设置表格边框宽度

素材：光盘\素材\第9章\ 效果文件：光盘\效果\第9章\设置表格边框宽度.cdr、设置表格边框宽度.jpg 视频：光盘\视频\第9章\9.2.2 设置表格边框宽度.mp4

STEP 01 选取工具箱中的"表格工具"，按住鼠标左键拖到合适位置，释放鼠标，即可绘制一个表格，效果如图9-15所示。

STEP 02 在属性栏上设置"边框选择"为"外部"，如图9-16所示。

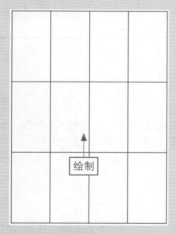

图9-15 绘制表格

全部(A)
内部(I)
外部(O)
顶部和底部(P)
左侧和右侧(E)
顶部(T)
底部(B)
左侧(L)
右侧(R)

选择

图9-16 设置"边框选择"为"外部"

STEP 03 设置"轮廓宽度"为0.5mm，效果如图9-17所示。

STEP 04 选取工具箱中的"表格工具"，在表格上按住鼠标左键拖动，释放鼠标后即可选中多个单元格，如图9-18所示。

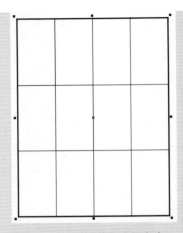

图9-17 设置表格外部边框宽度

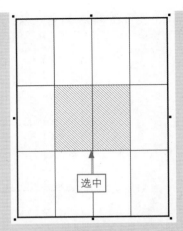

图9-18 选中多个单元格

STEP 05 在属性栏上设置"轮廓宽度"为1.0mm，为被选中单元格设置边框宽度，效果如图9-19所示。

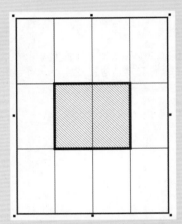

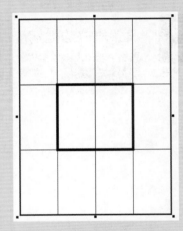

图9-19 设置选中单元格的边框宽度

应用案例

调整行高和列宽

素材：光盘\素材\第9章\　效果文件：光盘\效果\第9章\调整行高和列宽.cdr、调整行高和列宽.jpg　视频：光盘\视频\第9章\9.2.2 调整行高和列宽.mp4

STEP 01 选取工具箱中的"表格工具"，绘制一个表格，效果如图9-20所示。

STEP 02 在属性栏上可以通过设置"对象大小"微调框改变表格整体的宽度和高度，设置"对象大小"宽度和高度均为60.0mm，效果如图9-21所示。

STEP 03 选取工具箱中的"选择工具"，选中表格，再选取"形状工具"，在表格上选中其中一个单元格，如图9-22所示。

STEP 04 在属性栏上设置表格单元格的宽度和高度为30.0mm，如图9-23所示。

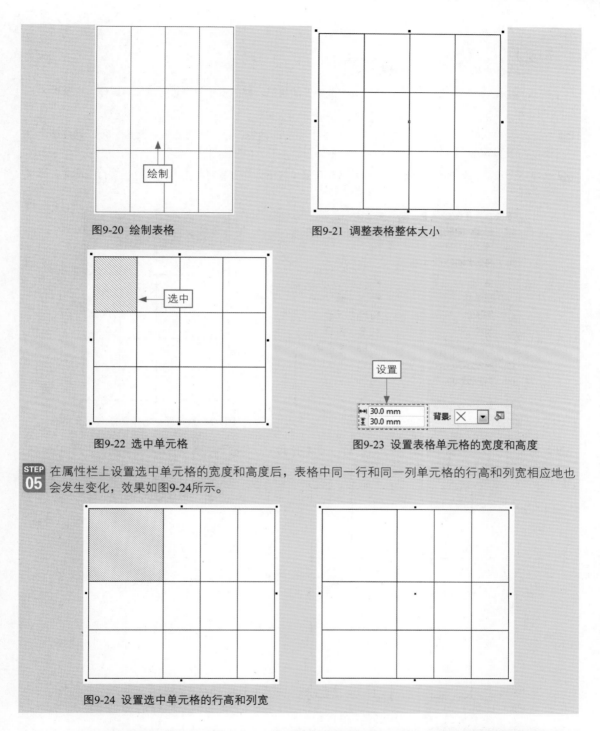

图9-20 绘制表格　　　　　　　　　　图9-21 调整表格整体大小

图9-22 选中单元格　　　　　　　　　图9-23 设置表格单元格的宽度和高度

STEP 05 在属性栏上设置选中单元格的宽度和高度后，表格中同一行和同一列单元格的行高和列宽相应地也会发生变化，效果如图9-24所示。

图9-24 设置选中单元格的行高和列宽

[9.3 管理表格对象

在创建表格后，用户可以对表格的单元格、行、列等进行编辑，以满足用户办公应用方面的需求。

选择表格中的对象

在CorelDRAW X7中处理表格时，需要先选中要编辑的表格内容，然后进行编辑等操作，选择时用户可以根据不同要求选择一个或多个单元格。

● 在菜单栏中选择"表格"｜"选择"子菜单中相应的命令，可以快速选中单元格、行、列或整个表格，如图9-25所示。

● 选择一个表格，单击表格中的任一单元格，在菜单栏中选择"表格"｜"选择"｜"行"命令，即可选中同一行中的所有单元格，如图9-26所示。

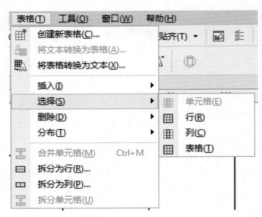

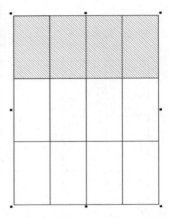

图9-25 "选择"子菜单

图9-26 选择同一行中的所有单元格

● 选择表格，在工具箱中选取"形状工具"，再将鼠标指针移动到表格中的任一单元格中，单击鼠标左键即可将该单元格选中，如图9-27所示。

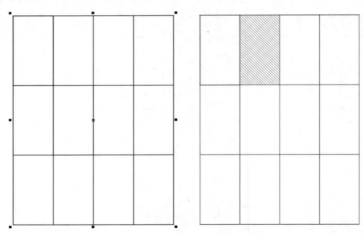

图9-27 运用"形状工具"选择单元格

● 在工具箱中选取"形状工具"，按住鼠标左键拖动，被选框覆盖的单元格就会呈被选中状态，如图9-28所示。

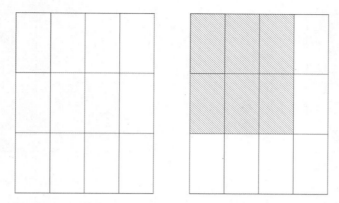

图9-28 同时选取多个单元格

🔘 使用形状工具按住【Ctrl】键，单击单元格就可以选中多个单元格，如图9-29所示。

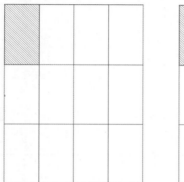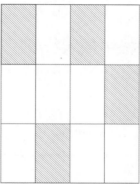

图9-29 间接选取多个单元格

🔘 使用"选择工具"选中表格，选取工具箱中的"形状工具"，再将鼠标指针移动到表格上侧，当鼠标指针变为⬇箭头形状时单击，则该单元格所在的列就会被全部选中，如图9-30所示。

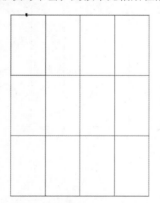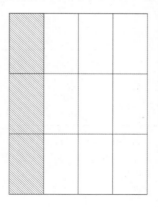

图9-30 快速选取列

🔘 使用"选择工具"选中表格，选取工具箱中的"形状工具"，再将鼠标指针移动到表格左侧，当鼠标指针变为➡箭头形状时单击，则该单元格所在的行就会被全部选中，如图9-31所示。

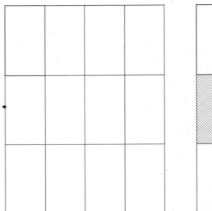
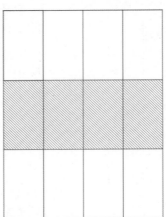

图9-31 快速选取行

9.3.2 在表格中插入行/列

在用CorelDRAW X7软件绘图的过程中，可以根据图形或文字编排的需要，在绘制的表格中插入行或列。

 在表格中选中一个单元格，在菜单栏中选择"表格"｜"插入"｜"行上方"命令，即可在所选单元格的上方插入一行，如图9-32所示。

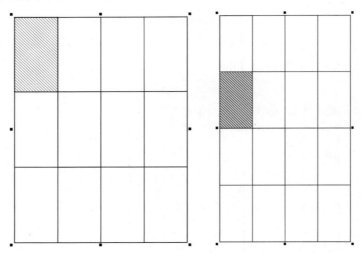

图9-32 插入行

 专家指点

在 CorelDRAW X7 中，在表格同一列选择了几个单元格，就会插入几行；在表格同一行选择几个单元格，就会插入几列。

在表格中选中一个单元格，在菜单栏中选择"表格"｜"插入"｜"插入行"命令，弹出"插入行"对话框，如图9-33所示。

● 设置"行数"为2，选中"在选定行上方"单选按钮，即可在所选单元格的上方插入两行，如图9-34
所示。

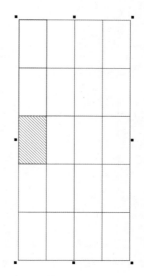

图9-33　"插入行"对话框　　　　　　　　　图9-34　插入行

"表格"｜"插入"下子命令的功能如下。

行上方：可在选择单元格的上方插入相应数量的行。

行下方：可在选择单元格的下方插入相应数量的行。

列左侧：可在选择单元格的左侧插入相应数量的列。

列右侧：可在选择单元格的右侧插入相应数量的列。

插入行：可打开"插入行"对话框，在其中可以设置插入行的行数和位置。

插入列：可打开"插入列"对话框，在其中可以设置插入列的列数和位置。

9.3.3　合并与拆分单元格

在日常使用的表格中，单元格的大小并不一定都是相同的，很多时候需要将多个单元格合并成一个大单元格，或者将其中一个单元格分割为多个小的单元格，对此CorelDRAW X7提供了合并与拆分单元格功能。

1. 拆分单元格

CorelDRAW X7利用"拆分为行"和"拆分为列"命令可以将一个单元格拆分为成行或成列的两个或多个单元格。

● 在工具箱中选取"形状工具"，选择一个单元格，然后在菜单栏中选择"表格"｜"拆

分为行"命令，弹出"拆分单元格"对话框，如图9-35所示。

● 设置"行数"为3，单击"确定"按钮，即可将选中的单元格拆分为指定行数，如图9-36所示。

图9-35　打开"拆分单元格"对话框

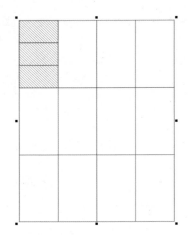

图9-36 拆分单元格

⚫ 选取工具箱中的"形状工具"，选择一个单元格，然后单击鼠标右键，在弹出的快捷菜单中选择"拆分为列"命令，弹出"拆分单元格"对话框，如图9-37所示。

图9-37 打开"拆分单元格"对话框

⚫ 设置"栏数"为3，单击"确定"按钮，即可拆分选中的单元格，如图9-38所示。

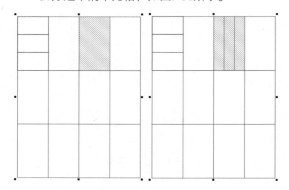

图9-38 拆分单元格

2．合并单元格

当合并两个或多个相邻的水平或垂直单元格时，这些单元格就成为一个跨多列或跨多行显示的大单元格。合并后的单元格不会丢失原有单元格中的所有内容。

⚫ 选取工具箱中的"形状工具"，按住鼠标左键拖动，选中需要合并的单元格，如图9-39所示。

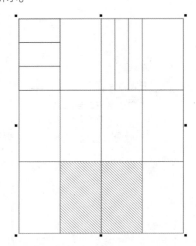

图9-39 选中单元格

⚫ 在菜单栏中选择"表格" | "合并单元格"命令，或按【Ctrl+M】组合键，即可将选中的单元格合并成一个单元格，如图9-40所示。

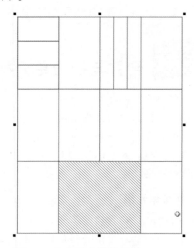

图9-40 合并选中的单元格

9.3.4　分布表格行/列

　　经过调整的单元格很容易造成水平方向或垂直方向难以对齐或无法均匀分布的情况，而且手动调整很难保证精确性，在CorelDRAW中可以通过"分布"命令对表格的行或列进行操作，将不规则的表格进行调整，使版面更加整洁。

● 选择一个不规则的表格，任意选择表格的某一列，在菜单栏中选择"表格"｜"分布"｜"行均分"命令，被选中的列将会在垂直方向上均匀分布，如图9-41所示。

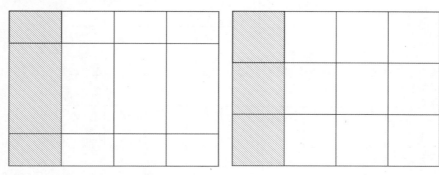

图9-41　均分单元格

● 选择一个不规则的表格，任意选择表格的某一行，在菜单栏中选择"表格"｜"分布"｜"列均分"命令，被选中的列将会在水平方向上均匀分布，如图9-42所示。

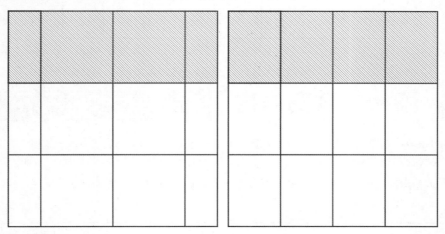

图9-42　均分单元格

9.3.5　删除表格行/列

　　在用CorelDRAW X7软件绘图的过程中，可以根据图形或文字编排的需要，删除表格中不需要的行或列。

● 选中表格中需要删除的行，在菜单栏中选择"表格"｜"删除"｜"行"命令，即可删除选中的行，如图9-43所示。

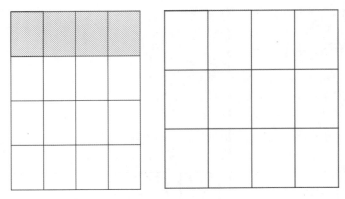

图9-43 删除行

选中表格中需要删除的列，然后单击鼠标右键，在弹出的快捷菜单中选择"删除" | "列"命令，即可删除选中的列，如图9-44所示。

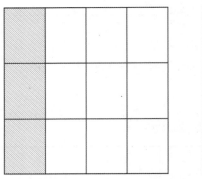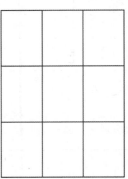

图9-44 删除列

[9.4 添加内容到表格

在CorelDRAW X7中使用表格时，文字和图片是必不可少的，只有当表格中添加了相应的文字和图片以后，一个表格才得以完善。

选取工具箱中的"表格工具"，然后在要输入文字的单元格中单击，显示插入点光标，此时直接输入文字即可，如图9-45所示。

图9-45 在单元格中输入文字

● 在表格中选中文字，可以在属性栏上设置文字的"字体""字体大小""下画线""文本对齐""垂直对齐"等文字样式。

● 拖动鼠标选中文字，在属性栏上设置"字体"为黑体、"字体大小"16pt、"文本对齐"为"居中"、"垂直对齐"为"居中垂直对齐"，并添加下画线，效果如图9-46所示。

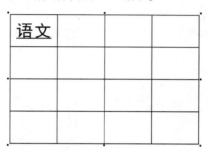

图9-46 设置文字样式

● 将图片素材导入到CorelDRAW X7中，选取工具箱中的"选择工具"，选中图片，按【Ctrl＋C】组合键进行复制，再选中要填充的单元格，按【Ctrl＋V】组合键进行粘贴，即可在单元格中添加图像，按住鼠标并移动图像的控制点，缩小图像到合适大小，如图9-47所示。

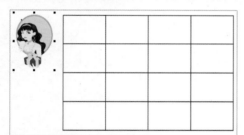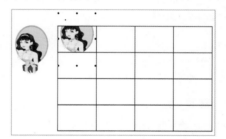

图9-47 在单元格中添加图像

● 在图像上按住鼠标右键，将图像拖动到表格的单元格上，释放鼠标右键，在弹出的快捷菜单中选择"置于单元格内部"命令，即可将图像插入到单元格中，按住鼠标左键拖动图像四周的控制点，缩小图像到合适大小，效果如图9-48所示。

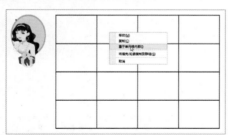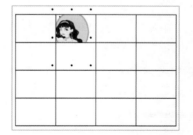

图9-48 设置文字样式

[9.5 文本与表格的相互转换

　　使用CorelDRAW X7可以在绘图页面添加表格，以创建文本和图像的结构布局。表格可以绘制，也可以从现有文本创建，使用第二种方法通常用来创建有内容的表格。

在工具箱中选取"选择工具"，选中要转换为表格的文本。

选择"表格"｜"将文本转换为表格"命令，弹出"将文本转换为表格"对话框，选中"段落"单选按钮，创建列表，如图9-49所示。

单击"确定"按钮，页面上即出现带文本内容的表格，红色虚线表示未全部显示内容，可将表格拉大显示全部内容，如图9-50所示。

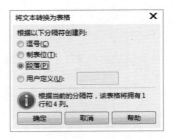

图9-49　"将文本转换为表格"对话框

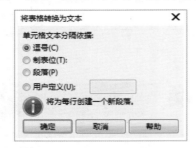

图9-50　将文本转换为表格

以逗号、制表位或用户定义的方式创建表格和上述方法一样，红色虚线表示未全部显示内容，可将表格拉大显示全部内容。

专家指点

页面上要转换为表格的文本以同一种分隔符有规律地隔开（本文以逗号作为分隔符为例，注意分隔符要在英文状态下输入）。

对于其他分隔符介绍如下：

逗号：在逗号处创建列，在段落标记处创建行。

制表位：在制表位处创建列，在段落标记处创建行。

段落：在段落标记处创建列。

用户定义：在指定标记处创建列，在段落标记处创建行。

如果启用了"用户定义"选项，则必须在"用户定义"文本框中输入一个字符；如果不在"用户定义"文本框中输入字符，则只会创建一列，而文本的每个段落将创建一行。

在工具箱中选取"选择工具"，选中要转换为文本的表格。

选择"表格"｜"将表格转换为文本"命令，弹出"将表格转换为文本"对话框，选中"逗号"单选按钮，以逗号为分隔符创建列表，如图9-51所示。

单击"确定"按钮，即可将带有文本的表格转换为文本，如图9-52所示。

图9-51　"将表格转换为文本"对话框　　　　图9-52　将表格转换为文本

专家指点

在"单元格文本分隔依据"选项区域中，各选项含义如下。

逗号：使用逗号替换每列，使用段落标记替换每行。

制表位：使用制表位替换每列，使用段落标记替换每行。

段落：使用段落标记替换每列。

用户定义：使用指定字符替换每列，使用段落标记替换每行。

如果启用了"用户定义"选项，则必须在"用户定义"文本框中输入一个字符。如果未在"用户定义"框中输入字符，则表格的每行都将转换为段落，且忽略表格列。

[9.6 专家支招

在CorelDRAW X7中，除了应用"表格工具"绘制表格，还可以在Word文档中复制或导入，从Word文档复制的表格，在CorelDRAW X7中不会发生变化，表格与文本形态都不会改变。此外，也可以将Excel表格复制粘贴过来，直接从Excel表格中复制的表格，可能会出现表格背景颜色杂乱等问题，需要对表格进行相应的调整。

[9.7 总结扩展

在CorelDRAW X7中，文本与表格之间的转化是一个十分强大且实用的功能，可以在文本录入和表格制作方面节省很多操作时间。用户可以利用CorelDRAW与Word文档的便利性，相互导入文本与表格。

 9.7.1 **本章小结**

通过学习本章内容，用户可以掌握表格的绘制技巧、表格的属性设置、在表格在中添加图片、文本与表格之间的相互转化，以及如何从Word文档和Excel表格中导入表格等知识点，可以帮助用户熟悉CorelDRAW表格的绘制和属性设置。

 9.7.2 **举一反三——制作旅游宣传海报**

应用CorelDRAW的表格属性，制作并调整表格，使表格与图像之间相互融合，以达到图表一体的效果，下面介绍具体操作步骤。

应用案例 **举一反三——制作旅游宣传海报**
素材：光盘\素材\第9章\旅游宣传海报.cdr　效果文件：光盘\效果\第9章\旅游宣传海报.cdr、旅游宣传海报.jpg　视频：光盘\视频\第9章\9.7.2 举一反三——制作旅游宣传海报.mp4

STEP 01 按【Ctrl+O】组合键，打开一个项目文件，如图9-53所示。

STEP 02 选择"表格"｜"创建新表格"命令，弹出"创建新表格"对话框，设置"行数"为5、"栏数"为4、"高度"为285.0mm、"宽度"为550.0mm，如图9-54所示。

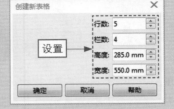

图9-53 打开项目文件　　　　　　　　图9-54 设置表格参数

STEP 03 单击"确定"按钮，即可在页面中创建相应属性的表格，如图9-55所示。

STEP 04 在工具箱中选取"选择工具"，选中表格，再用"形状工具"按住【Ctrl】键同时选中表格第1行第1、3、4个单元格，在属性栏上设置表格单元格的宽度和高度分别为50.0mm、22.0mm，并按【Enter】键确定，再选中第1行第2个单元格，在属性栏上设置其表格单元格的宽度和高度分别为400.0mm、22.0mm，按【Enter】键确定，效果如图9-56所示。

图9-55 创建表格　　　　　　　　　图9-56 调整单元格大小

STEP 05 用上一步的方法，选中第1列第2个单元格，在属性栏上设置表格单元格的宽度和高度分别为50.0mm、33.0mm，参照同样的方法依次设置第1列第3、4、5个单元格的高度分别为75.0mm、90.0mm、65.0mm，效果如图9-57所示。

STEP 06 在工具箱中选取"选择工具"，选中表格，在属性栏上设置"边框选择"为"全部"、"轮廓宽度"为1.5mm、"轮廓颜色"为白色，效果如图9-58所示。

图9-57 调整单元格大小

图9-58 设置表格边框

STEP 07 同时选中第1行第1、3个单元格，在属性栏上设置背景"填充色"为紫色（CMYK参数值为55、94、0、0），效果如图9-59所示。

STEP 08 参照上一步骤，选中相应的单元格，填充相应的背景色，效果如图9-60所示。

STEP 09 在工具箱中选取"表格工具"，在表格中的第1行第1个单元格中单击，插入文本输入点，输入相应的文本，再选中文本，在属性栏上设置"字体"为"黑体"、"字体大小"为44pt、"文本对齐"为"居中"、"垂直对齐"为"居中垂直对齐"，效果如图9-61所示。

图9-59 设置单元格背景填充色1

图9-60 设置单元格背景填充色2

STEP 10 参照上一步的操作方法，选中相应的单元格，输入相应的文本，设置文本的相应属性，效果如图9-62所示。

图9-61 输入并设置文本属性

图9-62 输入并设置文本属性

STEP 11 在工具箱中选取文本工具，在合适的位置输入相应的文本，在"对象属性"泊坞窗中设置"字体"为"黑体"、"字体大小"为48pt、"行间距"为120%，如图9-63所示。

STEP 12 参照上一步的操作方法，在合适的位置输入相应的文本，并设置文本的相应属性，效果如图9-64所示。

图9-63 输入并设置文本属性1

图9-64 输入并设置文本属性2

第10章 特殊效果：让图形更具有艺术美感

在CorelDRAW X7中，不仅可以绘制出精美、漂亮的图形，而且还可以为图形添加各种特殊的调和效果。调和主要包括3种类型：直线调和、沿路径调和及复合调和。调和的效果可以应用于图形或者文本对象。

本章学习重点

制作调和效果
制作变形效果
制作阴影效果
制作透明效果
制作透镜效果

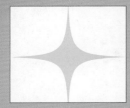

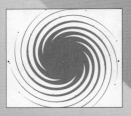

【10.1 制作调和效果】

调和效果就是通过形状和颜色的渐变，将一个图形过渡到另一个图形，并在两个图形中形成一系列中间图形，这些中间图形显示了两个原始图形在调和过程中的形状和颜色变化。

10.1.1 创建调和效果

在中文版CorelDRAW X7中，可以利用工具创建调和效果，也可以利用泊坞窗创建调和效果，下面介绍怎样利用这两种方法创建调和效果。

1. 利用"交互式调和"工具创建调和效果

利用"交互式调和"工具创建调和效果的具体操作步骤如下：

⬤ 选取工具箱中的"艺术工具"，在绘图页面中分别创建两个图形，如图10-1所示。

图10-1 创建图形对象

⬤ 选取工具箱中的"交互式调和"工具，将鼠标指针移动到第一个对象上，按住鼠标左键将其拖动到另一对象上。

⬤ 当两个对象之间出现过渡轮廓时，释放鼠标，即可完成两个对象间调和效果的创建，如图10-2所示。

图10-2 交互式调和效果

图10-3 "调和"泊坞窗

2．利用泊坞窗创建调和效果

利用泊坞窗创建调和效果的具体操作步骤
如下：

- 在绘图页面中创建两个对象，并填充不同的颜色。

- 选取工箱中的"挑选工具"，选中绘图页面中的对象，选择"窗口"|"泊坞窗"|"调和"命令，弹出"调和"泊坞窗，如图10-3所示。

- 在"调和步长"数值框中输入20，设置调和的步数或偏移量。

- 在"调和方向"数值框中输入30，设置调和的方向，效果如图10-4所示。

图10-4 调和的效果

 10.1.2　编辑调和效果

完成调和效果的创建后，可以对效果进行进一步编辑，使产生的效果更加融合。通过"调和工具"的属性栏或泊坞窗可以编辑调和效果。

> **应用案例　创建沿路径的调和效果**
>
> 素材：光盘\素材\第10章\　效果文件：光盘\效果\第10章\路径调和效果.cdr、路径调和效果.jpg　视频：光盘\视频\第10章\10.1.2 创建沿路径的调和效果.mp4

STEP 01 选取工具箱中的"贝塞尔"工具，在绘图页面中绘制一条曲线，如图10-5所示。

STEP 02 选取工具箱中的"手绘"工具，在绘图页面中创建两条用于调和的线段，如图10-6所示。

STEP 03 选取工具箱中的"选择工具"，选中两个需要进行调和的图形对象，选取工具箱中的"调和工具"，将鼠标指针移到其中一条线段上，按住鼠标左键将其拖动至另一线段上，在两个线段之间创建调和效果，效果如图10-7所示。

STEP 04 单击属性栏上的"路径属性"按钮，在弹出的调板中，选中"新路径"选项。

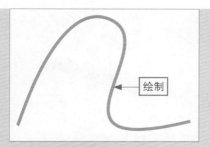

图10-5 绘制曲线

图10-6 创建的线段

STEP 05 此时，将鼠标指针移动到绘制的曲线路径上，单击鼠标左键，被选中的对象便分布在曲线上，如图10-8所示。

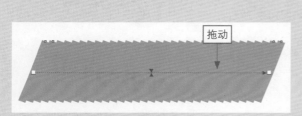

图10-7 为线段创建调和效果

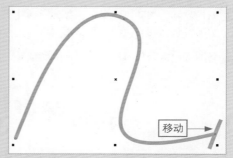

图10-8 对象分布在曲线上

STEP 06 单击"更多调和选项"按钮，在弹出的调板中，选中"沿全路径调和"选项，可以将调和后的图形按整条曲线路径的长度进行分布调和，选中"旋转全部对象"选项，可以使调和后的图形跟随路径的形态旋转，如图10-9所示。

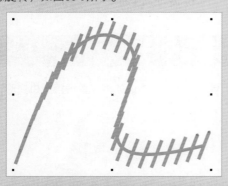

图10-9 选中"沿全路径调和"与选中"旋转全部对象"的效果

应用案例

创建复合调和效果

素材：光盘\素材\第10章\复合调和效果.cdr　效果文件：光盘\效果\第10章\复合调和效果.cdr、复合调和效果.jpg　视频：光盘\视频\第10章\10.1.2 创建复合调和效果.mp4

STEP 01 按【Ctrl+O】组合键，打开一个项目文件，如图10-10所示。

STEP 02 选取工具箱中的"调和工具"，将鼠标指针移到一个图形对象上，按住鼠标左键向另一个图形对象上拖动，当图形对象之间出现轮廓时，释放鼠标，即完成了复合调和效果的创建，如图10-11所示。

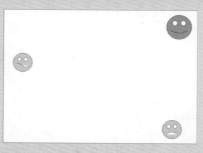
图10-10 打开项目文件

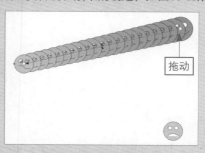
图10-11 创建复和调和效果

STEP 03 然后打开"调和"泊坞窗，设置"调和步长"为5、"调和方向"为180.0，在"颜色调和"栏中单击"顺时针调和"按钮，再单击"应用"按钮，即可完成"顺时针调和"设置，效果如图10-12所示。

STEP 04 参照上面的操作，再创建复合调和效果，如图10-13所示。

图10-12 设置调和效果

图10-13 创建复和调和效果

10.2 制作变形效果

运用中文版CorelDRAW X7提供的"交互式变形"工具，可以对选中的简单对象进行随机变形，产生形状奇特的效果。

10.2.1 制作推拉变形效果

推拉变形效果又被分为"推"和"拉"两类。"推"：将需要变形的对象的节点全部推离对象的变形中心产生的效果；"拉"：将需要变形的对象的所有节点全部拉向对象的变形中心产生的效果。

制作光斑效果
素材：光盘\素材\第10章\ 效果文件：光盘\效果\第10章\光斑效果.cdr、光斑效果.jpg
视频：光盘\视频\第10章\10.2.1 制作光斑效果.mp4

STEP 01 新建空白文档，选取工具箱中的"椭圆工具"，按住【Ctrl】键，绘制一个正圆，然后通过调色板将其填充为黄色，并在属性栏上设置"轮廓宽度"为"无"，如图10-14所示。

STEP 02 选取工具箱中的"变形工具"，在属性栏上单击"推拉变形"按钮，在"预设"下拉列表中选择"推角"选项，如图10-15所示。

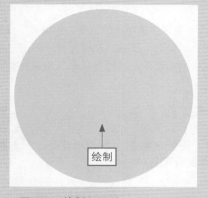

图10-14 绘制正圆形

图10-15 选择"推角"选项

STEP 03 设置完成后，页面中的正圆形发生变化，且中心点位置会出现一个箭头光标，效果如图10-16所示。

STEP 04 选中箭头光标并拖至合适位置，即可改变图形样式，效果如图10-17所示。

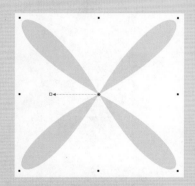

图10-16 "推拉变形"初始效果

图10-17 "推拉变形"其他效果

STEP 05 在属性栏上设置"推拉振幅"为85，也可以得到相应的效果，如图10-18所示。

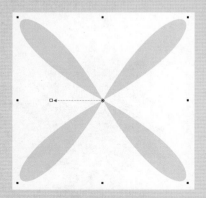

图10-18 设置"推拉振幅"

制作拉链变形效果

中文版CorelDRAW X7的"拉链变形"允许将锯齿效果应用于对象的边缘，可以调整效果的振幅与频率。使用"多边形"工具绘制椭圆形，在工具箱中找到"变形"工具，在属性栏中单击"拉链变形"按钮，可以手动设置"拉链振幅"（调整锯齿效果中锯齿的高度）。"拉链频率"用来调整锯齿效果中锯齿的数量，也可以直接在图形上拖动来产生锯齿效果。

应用案例　**制作复杂花朵**
素材：光盘\素材\第10章\　效果文件：光盘\效果\第10章\复杂花朵.cdr、复杂花朵.jpg
视频：光盘\视频\第10章\10.2.2　制作复杂花朵.mp4

STEP 01 新建空白文档，选取工具箱中的"星形"工具，绘制一个图形，在其属性栏中设置"点数或边数"为9、"锐度"为40、"轮廓宽度"为"无"，并在调色板中单击"紫色"色块填充图形，如图10-19所示。

STEP 02 在工具箱中选取"交互式填充"工具，在属性栏中选择"渐变填充"，类型为"椭圆形渐变填充"，渐变颜色默认为从白色到紫色，如图10-20所示。

图10-19 绘制星形

图10-20 渐变填充

STEP 03 选中图形，分别按【Ctrl＋C】和【Ctrl＋V】组合键进行复制、粘贴，再等比例缩放并旋转调整图形，如图10-21所示。

STEP 04 参照上一步操作，调整图形，效果如图10-22所示。

图10-21 复制调整图形1

图10-22 复制调整图形2

STEP 05 选择所有星形图形，再选取工具箱中的"变形工具"，在属性栏中单击"拉链变形"按钮，设置"拉链振幅"为90、"拉链频率"为2，效果如图10-23所示。

STEP 06 变形后，在图像上会显示变形的控制线和控制点，移动控制点至合适位置，效果如图10-24所示。

图10-23 设置"推拉振幅"

图10-24 最终效果

10.2.3 制作扭曲变形效果

运用中文版CorelDRAW X7的"扭曲变形"功能允许旋转对象以创建漩涡效果，可以设置漩涡的方向、旋转度和旋转量。

应用案例 **制作旋转图形**

素材：光盘\素材\第10章\　　效果文件：光盘\效果\第10章\旋转图形.cdr、旋转图形.jpg
视频：光盘\视频\第10章\10.2.3 制作旋转图形.mp4

STEP 01 新建空白文档，在工具箱中选择"星形"工具，绘制一个星形，如图10-25所示。

STEP 02 选中星形，在属性栏中设置"点数或边数"为9、"锐度"为60、"轮廓宽度"为"无"，并在调色板中单击"红色"色块填充图形，效果如图10-26所示。

图10-25 绘制星形

图10-26 填充图形

STEP 03 选中星形图形，在从工具箱中选取"变形"工具，在属性栏中单击"扭曲变形"按钮，再单击"逆时针旋转"按钮，然后设置"完全旋转"为1，效果如图10-27所示。

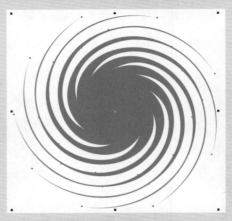

图10-27 设置"扭曲变形"

10.3 制作阴影效果

阴影效果是指在二维对象上，运用"交互式阴影"工具使其产生较真实的三维阴影效果，且可以模拟光源从特定的透视点照射到对象上的效果。

10.3.1 创建阴影效果

运用CorelDRAW X7提供的"交互式阴影"工具，可以非常方便地为选中对象创建阴影效果。

利用"交互式阴影"工具创建阴影效果的操作步骤如下：

- 在工具箱中选取"星形"工具，在绘图页面绘制一个星形，在属性栏上设置"点数或边数"为5、"锐度"为40、"轮廓宽度"为"无"，效果如图10-28所示。

- 选取工具箱中的"交互式阴影"工具，将鼠标指针移到要选中的对象上，按下鼠标左键向任意方向拖动，即可为被选中的对象创建阴影效果，效果如图10-29所示。

图10-28 绘制星形

图10-29 创建阴影效果

10.3.2 编辑阴影效果

创建完成阴影效果后，如果对创建的效果不够满意或者要进一步完善效果，可以通过"交互式阴影"工具的属性栏来编辑阴影效果。"交互式阴影"工具属性栏如图10-30所示。

图10-30 "交互式阴影"工具属性栏

下面介绍"交互式阴影"工具属性栏中各主要选项的功能。

"阴影偏移"选项：可以通过直接输入数值，精确定位"阴影偏移"的具体坐标，主要用于设置阴影与图形之间的偏移距离。

"阴影的不透明度"选项：可以调节阴影的不透明度，其调节范围为0~100，当输入数值为0时，阴影效果完全透明，当输入数值为100时，阴影效果完全不透明，不同数值产生的阴影效果如图10-31所示。

不透明度为18　　　　　　　　　　　　　　不透明度为80

图10-31 不同"阴影的不透明度"效果

"阴影羽化"选项：可以调节产生的阴影的模糊度，其调节范围为0~100，当数值为0时，没有羽化效果，数值越大，产生的阴影效果越模糊，如图10-32所示。

羽化值为0　　　　　　　　　　　　　　　羽化值为18

图10-32 不同"阴影羽化"效果

"羽化方向"按钮：单击此按钮，在弹出的"羽化方向"调板中，可以选择阴影的羽化方向，如图10-33所示。

● "向内"：可以生成一种柔化的阴影效果，如图10-34所示。

图10-33 "羽化方向"调板

图10-34 向内

● "中间"：可以生成一种模糊的阴影效果，如图10-35所示。

图10-35 中间

● "向外"：可以生成一种密集而柔和，又非常明显的阴影效果，如图10-36所示。

图10-36 向外

● "平均"：可以生成一种介于"向内"和"向外"之间的阴影效果，如图10-37所示。

图10-37 平均

"羽化边缘"按钮 ■：单击该按钮，弹出"羽化边缘"调板，在此调板中可以为交互式阴影选择羽化边缘的样式，如图10-38所示。

图10-38 "羽化边缘"调板

● "线性"：可以生成不突出柔和羽化边缘的阴影效果，如图10-39所示。

图10-39 线性

● "方形的"：可以将羽化边缘扩展到边缘以外，生成边缘柔和的阴影效果，如图10-40所示。

● "反白方形"：单击该按钮，可以将羽化边缘扩展到边缘以外，生成突出边缘的阴影效果，如图10-41所示。

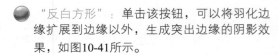

图10-40 方形的

 "平面"：单击该按钮，可以取消羽化边缘，生成一种密集不透明的阴影效果，如图10-42所示。

图10-41 反白方形

图10-42 平面

专家指点

当在"羽化方向"调板中，选中"平均"选项时，"平面"选项不可用。

　　"阴影颜色"按钮：单击此按钮，可以在弹出的"颜色"调板中设置阴影的颜色。

【10.4 制作透明效果

　　透明效果是指利用"交互式透明"工具对选中对象创建的一种特殊视觉效果，利用透明效果可以显示出重叠图形对象中位于下面的图形。

10.4.1 创建透明效果

　　利用工具箱中的"透明度"工具，可以创建各种各样的透明效果，如标准透明效果、渐变透明效果、图样透明效果、底纹透明效果等，这些透明效果的创建方法一样，下面就以创建渐变透明效果为例，介绍创建透明效果的具体操作步骤。

 在绘图页面中导入一张用作透明效果的图片，并运用"挑选工具"选中对象，如图10-43所示。

 选取工具箱中的"透明度"工具，在其属性栏上的"透明度类型"下拉列表中选择"线性"选项，即可为选中的对象创建线性透明效果，如图10-44所示。

图10-43 要创建透明效果的对象

图10-44 为选中对象创建标准透明效果

● 在其属性栏上的"透明度操作"下拉列表中通过选择其他选项，可以创建丰富的透明效果，用户可以自行尝试使用这些功能。

10.4.2 编辑透明效果

创建完透明效果后，还需要对透明效果进行进一步编辑，下面分类介绍各种透明效果的编辑。

1. 编辑均匀透明效果

下面介绍其主要选项的功能。

● "合并模式"选项 常规 ▼ ：可以在弹出的下拉列表中，选择一种透明类型。

● "透明度"选项 ♀ 50 ＋ ：移动该选项的滑块或直接在其数值框中输入数值，可以设置透明度大小，数值越大透明度越高。

● "透明度挑选器"选项 ▒▒ ▼ ：单击该选项，可以在弹出的下拉列表中，选择不同的透明度效果。

2. 编辑渐变透明效果

渐变透明效果包括"线性""射线""圆锥""方角"4种类型，下面介绍其主要选项的功能。

● "节点透明度"选项 ♀ 100 ＋ ：可以设置透明的强度，数值越大透明度越高。

● "旋转"选项 0° ▲▼ ：通过在上面数值框中输入数值，可以设置添加透明效果的角度，在下面的数值框中输入数值，可以设置添加透明效果的透明程度。

● "冻结透明度"按钮 ❄ ：单击该按钮，可以冻结选中对象的透明效果，冻结后，对象重叠部分的效果在移动时不会改变，再次单击此按钮，则取消冻结。

3. 编辑向量图样透明效果

向量图样透明效果包括"双色图样""全色图样""位图图样"3种类型，下面介绍其主要选项的功能：

● "透明度挑选器"按钮 ▣▣ ▼ ：单击该按钮，可以在弹出来的图样调板中，选择需要的透明图样。

● "前景透明度"和"背景透明度"选项 ↦ 0 ＋ ⇄ ↤ 100 ＋ ：在该选项中可以设置透明强度大小，数值越大透明度越低。

● "水平镜像平铺"和"垂直镜像平铺"按钮 🔲 🔲 ：单击该按钮，在应用透明度效果的图形上，将产生镜像透明度图块的效果。

4. 编辑位图图样透明效果

利用属性栏中的选项可以编辑底纹透明效果，下面介绍其主要选项的功能。

● "调和过渡"按钮 调和过渡 ▼ ：单击该按钮，可以在弹出的对话框中，设置调整图样平铺的颜色和边缘。

【10.5 制作透镜效果】

透镜效果是一种能够模拟类似透过不同的透镜观察事物所看到的效果，它只改变透镜下方对象的显示方式，而不改变对象的实际属性，透镜效果可以应用于任何矢量对象或位图对象，但这些矢量对象必须是封闭的。

应用案例

制作透镜效果
素材：光盘\素材\第10章\透镜效果.jpg　效果文件：光盘\效果\第10章\透镜效果.cdr、透镜效果.jpg　视频：光盘\视频\第10章\10.5 制作透镜效果.mp4

STEP 01 按【Ctrl+I】组合键，导入一个项目文件，如图10-45所示

STEP 02 选择"效果"|"透镜"命令，弹出"透镜"泊坞窗，如图10-46所示。

图10-45 导入文件

图10-46 "透镜"泊坞窗

STEP 03 在工具箱中选取"椭圆工具"，在图像上的适当位置绘制一个椭圆形，效果如图10-47所示。

STEP 04 在"透镜"泊坞窗中的"透镜类型"下拉列表中选择"放大"选项，如图10-48所示。

图10-47 绘制椭圆形

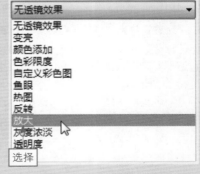

图10-48 选择"放大"样式

STEP 05 设置"数量"为2.0x，即可为椭圆形区域内的对象添加透镜效果，如图10-49所示。

图10-49 应用"透镜"效果

应用案例

选择透镜样式

素材：光盘\素材\第10章\透镜样式.cdr　　效果文件：光盘\效果\第10章\透镜样式.cdr、
透镜样式.jpg　视频：光盘\视频\第10章\10.5 选择透镜样式.mp4

- 按【Ctrl+O】组合键，打开一个项目文件，单击"透镜"泊坞窗中"透镜类型"的下拉按钮，可以在弹出的下拉列表中选择透镜的样式，如图10-50所示。

图10-50 打开文件和"透镜类型"下拉列表

- "无透镜效果"样式：可以取消透镜效果，使透镜下面的图形恢复为未进行透镜编辑前的状态。
- "变亮"样式：可以使透镜下面的图形更亮或更暗，通过设置"比率"选项来控制图形是变亮还是变暗，设置范围为-100~100，当参数为正时，图形变亮，当参数为负时，图形变暗，如图10-51所示。
- "颜色添加"样式：可以为透镜下面的图形添加设置的颜色，单击"颜色"下拉按钮，可以在弹出的"颜色"下拉列表中选择需要添加的颜色，通过调节"比率"选项，可以设置添加颜色的强度，如图10-52所示。

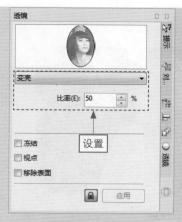

图10-51　"变亮"透镜效果

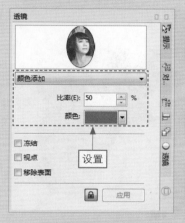

图10-52　"颜色添加"透镜效果

● "色彩限度"样式：可以过滤掉图形下面的色彩，显示出图形中设置的黑色或其他所有颜色，透镜下面图形中的白色和高光颜色显示为透镜颜色，黑色和其他暗色显示为黑色，通过设置"比率"选项，可以设置转换成透镜颜色和黑色的数量。设置的参数越大，转换成透镜颜色和黑色的数量就越多，设置的参数越小，转换成透镜颜色和黑色的数量就越少，如图10-53所示。

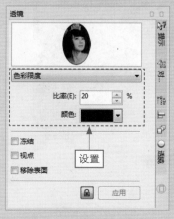

图10-53　"色彩限度"透镜效果

● "自定义彩色图"样式：可以使透镜下面图形的所有颜色显示为指定的两种颜色之间的颜色。用户可以设置这个颜色范围的起始色和结束色，以及这两种颜色的渐变方式，如图10-54所示。

图10-54 "自定义彩色图"透镜效果

● "鱼眼"样式：可以使透镜下面的图形出现放大或缩小的变形效果。通过调整"比率"选项，可以设置放大或缩小的程度，如图10-55所示。

图10-55 "鱼眼"透镜效果

● "热图"样式：可以通过在透镜下方的图像区域模仿颜色的冷暖度等级，来创建红外图像的效果，通过设置"调色板旋转"选项，可以设置显示为暖色的颜色和显示为冷色的颜色，如图10-56所示。

图10-56 "热图"透镜效果

● "反转"样式：可以将透镜下面的图形反相显示，如图10-57所示。

图10-57 "反转"透镜效果

● "放大"样式：可以按指定的倍率放大图形上的某个区域，放大透镜会取代原始图形的填充，使对象看起来是透明的，通过在"数量"数值框中输入数值，可以设置透镜下面图形的放大倍数，其参数设置范围为1~100。

● "灰度浓淡"样式：可以将透镜下方图形区域的颜色变为其等值的灰度，来赋予图形以双色调外观。此透镜对于创建深褐色色调效果特别有效，如图10-58所示。

图10-58 "灰度浓淡"透镜效果

● "冻结"复选框：选中此复选框，可以固定透镜中的当前内容，移动透镜时，不会改变其显示的内容，如图10-59所示。

图10-59 "冻结"复选框

● "视点"复选框：选中此复选框，并单击其后部的"编辑"按钮，在"X"和"Y"数值框中输入数值，设置移动视点的坐标，此选项可以在不移动透镜的前提下，只显示透镜下面图形的一部分，如图10-60所示。

图10-60 选中"视点"复选框的透镜效果

- "移除表面"复选框：选中此复选框，透镜只显示它覆盖其他图形的区域，而不显示透镜所覆盖的空白区域，如图10-61所示。

图10-61 选中"移除表面"复选框的透镜效果

[10.6 专家支招]

阴影效果是经常使用的一种特效，使用"交互式阴影"工具可以快速地给图形添加阴影效果，从而很好地增加对象的逼真程度，增强对象的纵深感，还可以设置阴影的透明度、角度、位置、颜色和羽化程度，该工具可以为段落文本、美术文字、位图及群组对象等创建阴影效果。

[10.7 总结扩展]

通过学习本章内容，用户应掌握如何制作调和效果、变形效果、阴影效果、透明效果和透镜效果等，这些工具主要用于对基本图形对象进行变形及修改操作，从而制作出更精美、生动的作品。

10.7.1 本章小结

本章主要介绍交互式工具组的强大功能和各种特殊效果的制作，通过对这些功能的了解与运用，用户可以制作出令人意想不到的效果。其中以范例模式介绍了交互式工具组的几大功能，如制作调和效果、透明效果、变形效果与阴影效果、透镜效果等。

10.7.2　举一反三——制作手提袋封面

改变轮廓的形状包括改变轮廓的宽度、轮廓的样式和边角形状等。用户可以根据需要对其进行设置，下面介绍具体的操作步骤。

STEP 01 按【Ctrl + O】组合键，打开一个项目文件，如图10-62所示。

STEP 02 选取工具箱中的"3点椭圆"工具，在页面中绘制一个倾斜的椭圆形，如图10-63所示。

图10-62　打开文件

图10-63　绘制椭圆形

STEP 03 选取工具箱中的"选择工具"，选择刚才绘制的椭圆，在调色板上的"白色"色块上单击鼠标右键，进行轮廓填充。

STEP 04 按住小键盘上的【＋】键的同时进行拖动，复制椭圆，并将其移至绘图页面的上端，在调色板中的"紫色"色块上单击鼠标右键，进行轮廓填充。

STEP 05 选中复制的椭圆形，在属性栏上单击"转换为曲线"按钮，即可将选中的椭圆形转换为曲线，如图10-64所示。

STEP 06 选取工具箱中的"调和工具"，在两个椭圆形之间拖动鼠标创建调和效果，并在其属性栏上设置各项参数，如图10-65所示。

STEP 07 在属性栏上设置"调和步长"为50，单击"逆时针调和"按钮，效果如图10-66所示。

STEP 08 选择工具箱中的"矩形工具"，在绘图页面中绘制一个8mm×8mm的小矩形，在调色板中的"黄色"色块上单击鼠标右键填充矩形，并在矩形上单击鼠标右键，删除轮廓色。

图10-64 转换为曲线

图10-65 创建调和效果

STEP 09 参照上一步的操作，分别绘制3个矩形，依次填充"粉色""海军蓝""荒原蓝"，如图10-67所示。

图10-66 设置调和效果

图10-67 绘制矩形

STEP 10 选取工具箱中的"选择工具"，选中粉红色的矩形，然后选取工具箱中的"透明度"工具，在属性栏上单击"均匀透明度"按钮，在"合并模式"下拉列表中选择"减少"选项，在"透明度"数值框中输入70，再单击"全部"按钮，结果如图10-68所示。

STEP 11 选取工具箱中的"选择工具"，选择海军蓝矩形，然后选择"效果"|"透镜"命令，弹出"透镜"泊坞窗，在泊坞窗中设置各项参数，如图10-69所示。

图10-68 调整图形的透明效果

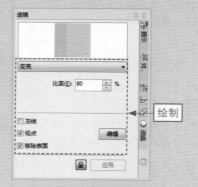

图10-69 "透镜"泊坞窗

STEP 12 设置完成后，即可为矩形对象添加透镜效果，如图10-70所示。

STEP 13 选取工具箱中的"选择工具"，选择最下面的矩形，选择"对象"|"顺序"|"置于此对象后"命令，将鼠标指针指向椭圆形的调和图形，单击鼠标左键，即可将矩形调整到调和图形的后面，如图10-71所示。

图10-70 透镜效果

图10-71 调整后的效果

STEP 14 选取工具箱中的文本工具，并输入相应的文本，并在其属性栏中设置"字体"为"方正姚体"、"字体大小"为15pt，然后设置颜色为"白色"，结果如图10-72所示。

STEP 15 选择文本中的"纵横"二字，在属性栏中调整文字的大小，并调整文本的字体，如图10-73所示。

图10-72 创建美术文本

图10-73 调整文本大小与字体

读书
笔记

读书
笔记

第11章 立体效果：呈现丰富的3D图形特效

在CorelDRAW X7中可以对创建的任何矢量图形对象进行立体化处理，其中包括线条、图形及文字等。通过使用立体化工具，可以给二维图形对象创建出三维的立体化视觉效果。立体化的深度、光照的方向和旋转角度等决定了立体化图形对象的外观。

[11.1 制作轮廓图效果

轮廓图效果是指在图形对象的轮廓内部或外部，创建一系列与自身形状相同但颜色或大小不同的轮廓效果，这些轮廓彼此的间距，以及轮廓的数量和位置，都可以在该效果的属性栏中进行设置。

11.1.1 创建轮廓图效果

在中文版CorelDRAW X7中，可以利用工具创建轮廓图效果，也可以利用泊坞窗创建轮廓图效果，下面介绍怎样利用这两种方法创建轮廓图效果。

1. 利用轮廓图工具创建轮廓图效果

利用"交互式轮廓图"工具创建轮廓图效果的具体操作步骤如下：

按【Ctrl + O】组合键，打开一个项目文件，选取工具箱中的"文本工具"，在绘图页面输入用于创建轮廓图效果的对象文字，如图11-1所示。选取工具箱中的"选择工具"，选中输入的文字对象。选取工具箱中的"轮廓图"工具，单击属性栏上的"外部轮廓"按钮，在"轮廓图步长"数值框中输入1，在"轮廓图偏移"数值框中输入0.5，单击属性栏中的"轮廓色"按钮和"填充色"按钮，在弹出的下拉列表中设置轮廓色和填充色为白色，效果如图11-2所示。

图11-1 输入文字   图11-2 创建轮廓图效果

 专家指点

轮廓图效果是指由图形对象的轮廓向内或者向外放射的层次效果，它是由多个同心线圈组成的。使用"轮廓图"工具，会使对象产生向外或向内的边框线，为轮廓填充颜色，会产生类似调和的效果，轮廓图也是通过设置渐变的步数向图形中心、内部和外部进行调和，达到有一定深度的图形效果。轮廓图只能用于一个图形。

2．利用泊坞窗创建轮廓图效果

利用泊坞窗创建轮廓图效果的具体操作步骤如下：

选取工具箱中的"文本工具"，在绘图页面创建一个用于创建轮廓图效果的对象，并填充洋红色。选取工具箱中的"挑选工具"，选中需要创建轮廓图效果的对象。选择"效果"｜"轮廓图"命令或"窗口"｜"泊坞窗"｜"轮廓图"命令，弹出"轮廓图"泊坞窗，如图11-3所示。单击"到中心"按钮，在"轮廓图偏移"文本框中输入0.025mm，单击"轮廓色"按钮和"填充色"下拉按钮，设置"轮廓色"和"填充色"都为白色。设置完成后，单击"应用"按钮即可，效果如图11-4所示。

图11-3 "轮廓图"泊坞窗

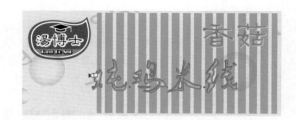

图11-4 创建轮廓图效果

11.1.2 编辑轮廓图效果

完成轮廓图效果的创建后，可以对效果进行进一步编辑，重新设置轮廓图的颜色渐变。通过"轮廓图"工具的属性栏或泊坞窗可以重设轮廓图效果。

通过单击属性栏上的按钮，设置相关选项，可以进一步编辑轮廓图效果，以达到用户满意的效果。"轮廓图"工具的属性栏如图11-5所示。

图11-5 "轮廓图"工具属性栏

1．通过属性栏编辑轮廓图效果

下面介绍"轮廓图"工具属性栏上各按钮的主要功能。

- "到中心"按钮：可以使图形对象的轮廓由图形的外边缘逐步缩小到图形的中心，产生调和效果。

- "内部轮廓"按钮：可以使图形对象的轮廓由图形的外边缘向内延伸，产生调和效果。

- "外部轮廓"按钮：可以使图形对象的轮廓由图形的外边缘向外延伸，产生调和效果。

- "轮廓图步长"微调框7：可以设置生成轮廓的数量，输入的数值越大，生成的轮廓越多，产生的效果越柔和，当激活"到中心"按钮以后，该选项不可用。

- "轮廓图偏移"微调框2.54mm：可以设置轮廓之间的间距，输入的数值越大，轮廓图之间的间距越大，轮廓色越分明。

- "轮廓色"：单击右侧的下拉按钮，可以在弹出的"颜色选项"调板中，为轮廓图效果中的最后一个轮廓图形设置轮廓色，单击"颜色选项"调板中的"其他"按钮，可以在弹出的"选项颜色"对话框中重新设置轮廓色。

● "填充色" ◆ ▨▾：单击右侧的下拉按钮，可以在弹出的"颜色选项"调板中，为轮廓图效果中的最后一个轮廓图形设置填充色，单击"颜色选项"调板中的"其他"按钮，可以在弹出的"选项颜色"对话框中重新设置填充色。

2．通过泊坞窗编辑轮廓图效果

通过泊坞窗编辑轮廓图效果，具体操作步骤如下：

按【Ctrl＋O】组合键，打开一个项目文件，选取工具箱中的文本工具，在绘图页面中输入用于创建轮廓图效果的对象文字，如图11-6所示。选择"效果"|"轮廓图"命令或"窗口"|"泊坞窗"|"效果"|"轮廓图"命令，弹出"轮廓图"泊坞窗，如图11-7所示。

图11-6 输入文字

图11-7 "轮廓图"泊坞窗

在"轮廓图"泊坞窗中激活"外部轮廓"按钮，在"轮廓图偏移"文本框中输入0.15，单击"轮廓色"下拉按钮，在弹出的调板中选择橘红色，单击"填充色"下拉按钮，在弹出的调板中选择橘红色，设置完成后，单击"应用"按钮即可，如图11-8所示。

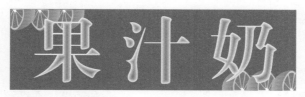

图11-8 应用轮廓图效果

【11.2 制作封套效果

封套效果是指通过改变对象周围的闭合形状来改变对象形状制作出的效果，为对象设置了封套效果后，就可以通过移动封套节点来改变对象的形状。线条、美术文本和段落文本都可以应用封套效果。

11.2.1 创建封套效果

在中文版CorelDRAW X7中，使用"交互式封套"工具可以为对象快速建立封套效果，然后通过调整封套的造型改变对象的形状。用户可以利用"交互式封套"工具创建封套效果，也可以利用泊坞窗创建封套效果。

1．利用"交互式封套"工具创建封套效果

利用"交互式封套"工具创建封套效果的具体操作步骤如下：

选择"文件"|"导入"命令，在绘图页面导入一张用于创建封套效果的图片，选取工具箱中的"挑选工具"，选中导入的对象。选取工具箱中的"交互式封套"工具，此时在选中的图形对象周围将出现带有控制点的蓝色虚线框，如图11-9所示。将鼠标指针移动到控制点上，按下鼠标左键拖动控制点上的控制柄，即可改变图形对象的形状，如图11-10所示。

图11-9 显示封套边框

图11-10 为对象应用封套效果

2．利用泊坞窗创建封套效果

利用泊坞窗创建封套效果的具体操作步骤如下：

选择"文件"|"导入"命令，在绘图页面导入一张用于创建封套效果的图片，选取工具箱中的"挑选工具"，选中导入的对象。选择"效果"|"封套"命令或选择"窗口"|"泊坞窗"|"效果"|"封套"命令，弹出"封套"泊坞窗，如图11-11所示。在泊坞窗中单击"添加预设"按钮，在弹出的列表框选择一种封套样式，如图11-12所示。

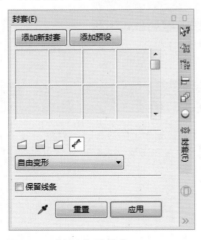

图11-11 "封套"泊坞窗

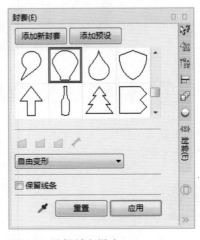

图11-12 选择封套样式

设置完成后，单击"应用"按钮即可，效果如图11-13所示。应用设置好的封套效果后，还可以通过调节封套的节点改变封套的形状，如图11-14所示。

图11-13 应用封套效果　　　　　　　　　　图11-14 改变封套的形状

编辑封套效果

完成封套效果的创建后，可以对效果进行进一步编辑，通过重新设置"交互式封套"工具属性栏中的各选项来编辑封套效果。"交互式封套"工具属性栏如图11-15所示。

图11-15 "交互式封套"工具属性栏

下面分别介绍"交互式封套"工具属性栏中各主要选项的功能。

"直线模式"按钮▱：应用该模式，可以创建出基于直线形式的封套效果，激活此按钮，可以沿水平或垂直方向拖动封套的控制点，调整封套的外观，使图像产生类似透视的效果，如图11-16所示。

图11-16 原图与应用封套直线模式的效果对比

"单弧模式"按钮▱：应用该模式，可以创建出基于单圆弧的封套效果，激活此按钮，可以沿水平或垂直方向拖动鼠标的控制点，从而在调节控制点所在的边上产生弧线形状，此封套模式可以用来使图形产生凹凸不平的效果，如图11-17所示。

图11-17 原图与封套单弧模式的效果对比

"双弧模式"按钮▱：应用该模式，可以创建出基于双弧线的封套效果，可以沿水平或垂直方向拖动封套的控制点，使控制点所在的边形成"S"形状，如图11-18所示。

图11-18 原图与封套双弧模式的效果对比

"非强制模式"按钮✏：应用该模式，可以创建出不受任何限制的封套，激活此按钮，可以任意调整选中的节点和控制柄，如图11-19所示。

图11-19 原图与封套非强制模式的效果对比

"添加新封套"按钮▦：当对图形应用封套效果后，单击该按钮，可以再次为图形对象添加新的封套，并进行编辑。

"映射模式"下拉列表框：单击下拉按钮，可以在弹出的下拉列表中选中控制封套的样式，包括

"水平""原始的""自由变形"和"垂直"4个选项。

🔘 "水平"选项：选择此选项，可以在扩展或水平压缩图形时，使图形与封套的形态基本相适合，在垂直压缩图形时，图形将最大限度地与选取框的边缘对齐。

🔘 "原始的"选项：选择此选项，在扩展或压缩图形时，变形封套各节点将沿着图形选取框的边缘对齐。

🔘 "自由变形"选项：此选项与"原始的"选项相似，只是这种模式产生的变形较小，且生成更平滑、更圆的图形。

🔘 "垂直"选项：选择此选项，在扩展或垂直压缩图形时，可以使图形与封套的形状基本适合，在水平压缩图形时，图形将最大限度地与选取框的边缘对齐。

"保留线条"按钮：单击此按钮，那么在为图形添加变形效果时，将保持图形中的直线不变为曲线。

"创建封套自"按钮：单击该按钮，然后将鼠标指针移到图形上单击，以选中图形的形状为封套轮廓，为绘图页面中的另一对象创建新封套。

用户还可以运用"交互式封套"工具的泊坞窗来编辑封套效果。

[11.3 制作透视效果

使用"添加透视"命令，可以在绘图页面中方便地创建透视图效果。

应用案例

创建透视效果
素材：光盘\素材\第11章\创建透视效果.cdr　效果文件：光盘\效果\第11章\创建透视效果.cdr、创建透视效果.jpg　视频：光盘\视频\第11章\11.3 创建透视效果.mp4

STEP 01 打开一个项目文件，选择"地"字所在的群组对象，如图11-20所示。

STEP 02 选择"效果"|"添加透视"命令，图形对象的周围将显示一个带有4个节点的网格，如图11-21所示。

图11-20 选择群组对象

图11-21 显示网格

STEP 03 将鼠标移至网格左上角的节点上，当鼠标指针呈十字形时，按下鼠标左键垂直向上拖动，如图11-22所示。

STEP 04 拖至合适的位置后释放鼠标，即可移动节点，如图11-23所示。

图11-22 拖动鼠标

图11-23 移动节点

STEP 05 用同样的方法，调整图形左下角的节点至合适的位置，创建图形透视效果，如图11-24所示。

STEP 06 用同样的方法，为另外两个群组图形添加透视效果，效果如图11-25所示。

图11-24 创建透视效果

图11-25 创建其他透视效果

专家指点

透视效果可以应用于任何使用 CorelDRAW X7 创建的对象或群组对象，但不可应用于段落文本、位图、链接对象和应用轮廓、调和、立体化及由艺术笔创建的对象。

应用案例　编辑透视效果

素材：光盘\素材\第11章\编辑透视效果.cdr　效果文件：光盘\效果\第11章\编辑透视效果.cdr、编辑透视效果.jpg　视频：光盘\视频\第11章\11.3 编辑透视效果.mp4

STEP 01 打开一个项目文件，运用"选择工具"选择一个没有透视效果的图形，如图11-26所示。

STEP 02 选择"效果"|"复制效果"|"建立透视点自"命令，将鼠标移至绘图页面中橙色的群组对象上，如图11-27所示。

图11-26 选择图形对象

图11-27 定位鼠标

STEP 03 单击鼠标左键，即可将透视效果复制到当前对象上，如图11-28所示。

STEP 04 用同样的方法，将透视效果复制到蓝色的图形对象上，效果如图11-29所示。

图11-28 复制透视效果

图11-29 复制透视效果

STEP 05 运用"选择工具"选择一个透视的图形对象，如图11-30所示。

STEP 06 选择"效果"|"清除透视点"命令，即可清除图形的透视效果，如图11-31所示。

图11-30 选择透视图形

图11-31 清除对象透视效果

STEP 07 用同样的方法，将另外两个图形对象的透视效果清除，效果如图11-32所示。

图11-32 清除透视效果

11.4 制作立体化效果

立体化效果是指在二维对象上运用"立体化"工具使其产生三维立体的一种视觉效果。立体化的深度、光照的方向及旋转角度等决定了立体化的外观。

设置立体化属性

使用工具箱中的"立体化"工具，可以轻松地为图形对象添加具有专业水准的矢量图立体化效果或位图立体化效果，并可以更改图形对象立体效果的颜色、轮廓及为图形对象添加照明效果。立体化属性包括立体化类型、立体化深度、立体化旋转度、立体的颜色、立体的斜角修饰边、立体照明等。

在工具箱中选择"立体化"工具，选择立体化效果，其属性栏如图11-33所示。

图11-33 "立体化"工具属性栏

下面介绍该属性栏中主要选项的含义。

- "预设"下拉列表框 [预设...]：在此下拉列表中提供了6种预置的立体效果，如图11-34所示。

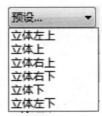

图11-34 预置的立体效果

- "立体化类型"下拉列表框 [□▼]：该下拉列表中包括6种不同的立体化类型，如图11-35所示，用户可以根据需要为图形对象设置不同类型的立体化效果。

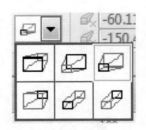

图11-35 立体化类型

- "深度"选项 [20]：在该数值框中可以输入立体化的深度。在该数值框中输入的数值越大，深度就越大；反之，深度就越小。如分别输入10与20时的效果如图11-36所示。

- "灭点坐标"数值框 [X: 18.727 mm Y: 12.401 mm]：该数值框决定了图形对象各点延伸线向消失点外延相交点的坐标位置。

"深度"值为10时的效果

"深度"值为20时的效果

图11-36 设置不同深度的效果

弹出的调色板中选择需要的颜色即可；单击"使用递减的颜色"按钮，分别在"从"和"到"下拉列表框中选择所需要的颜色即可，如图11-39所示为使用"使用递减的颜色"产生的立体效果。

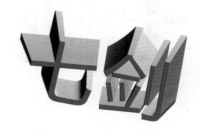

图11-37 设置立体的方向

- "灭点属性"下拉列表框 灭点锁定到对象 ▼ ：在该下拉列表中有4个选项。其中"灭点锁定到对象"选项是CorelDRAW X7中的默认选项，移动图形对象时，灭点和立体效果也将同时移动；选择"灭点锁定到页面"选项时，图形对象的灭点将被锁定到页面对面上，在移动图形时灭点将保持不变；选择"复制灭点"选项时，可以将一个立体化图形对象的灭点复制到另一个立体化图形对象上；选择"共享灭点"选项时，可以允许多个图形对象共同使用一个灭点。

- "页面或对象灭点"按钮 ：在未单击该按钮时，"灭点坐标"的数值是相对于图形中心距离的；单击该按钮后，"灭点坐标"的数值就变成相对于页面坐标原点距离的。

图11-38 "颜色"面板

- "立体化旋转"按钮 ：单击该按钮，弹出立体旋转设置面板，将鼠标指针移动到此面板中，会变成手形符号。此时拖动鼠标，旋转面板中的数字，即可调整立体化图形的视觉角度，如图11-37所示。单击面板左下角的按钮，可以还原为初始设置；单击面板右下角的按钮，可以从该面板切换至"旋转值"面板，在数值框中输入数值，可以精确地设置立体化对象的旋转角度。

图11-39 使用"使用递减的颜色"产生的立体效果

- "立体化颜色"按钮 ：单击该按钮，即可弹出"颜色"面板，如图11-38所示。单击"使用对象填充"按钮，可以使用一种颜色对立体化图形对象进行填充；单击"使用纯色"按钮，通过单击其中的颜色按钮，在

- "立体化倾斜"按钮 ：该选项用于给立体化图形对象的边缘制作出斜角效果，单击该按钮，弹出相应的面板，在该面板中选中"使用斜角修饰边"复选框，在"斜角修饰

边深度"和"斜角修饰边角度"数值框中输入数值即可，如图11-40所示。

图11-40 斜角修饰边效果

🔵 "立体化照明"按钮：使立体图形对象产生一种有灯光照射的效果。单击该按钮，弹出相应的面板，分别单击面板中的"光源1""光

源2""光源3"按钮，在右侧的预览框的边框上将显示编号，可以通过移动编号的位置来设置模拟灯的位置，单击"光源2"按钮后的效果如图11-41所示。

图11-41 设置光源效果

操作立体化灭点

灭点即立体化图形立体效果的结束点，工具属性栏上的灭点坐标用于调整立体化图形立体效果的位置，也可以通过共享灭点和复制灭点对其进行调整。

🔵 "灭点"就是立体化效果的结束点。打开一个项目文件，在灭点坐标数值框中均输入200mm，立体化图形就会变化，如图11-42所示。

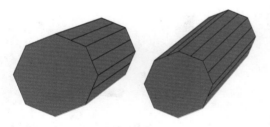

图11-42 设置灭点坐标的效果

🔵 选取工具箱中的"立体化"工具，选中立体化图形，用鼠标单击箭头后的叉形标志，拖动鼠标即可改变灭点坐标，如图11-43所示。

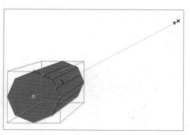

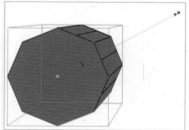

图11-43 拖动灭点坐标

● 选中立体化图形，在属性栏上的"灭点属性"下拉列表中选择"复制灭点，自..."选项，鼠标指针会变为箭头加问号的形态，单击另一个立体化图形，即可复制灭点坐标，如图11-44所示。

● "共享灭点"也是要选择两个或以上的立体化图形，选择一个立体化图形，在属性栏上的"灭点属性"下拉列表中选择"共享灭点"选项，鼠标指针会变为箭头加问号的形态，单击另一个立体化图形，即可共享灭点坐标，效果如图11-45所示。

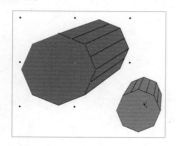

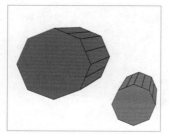

图11-44 复制灭点坐标

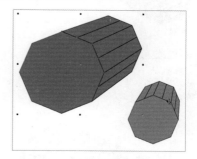

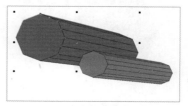

图11-45 共享灭点坐标

11.4.3 旋转立体化效果

旋转立体化图形有两种方法：平面旋转和立体化旋转。

● 选取工具箱中的"选择工具"，选择立体化图形的正面图形，再次单击鼠标左键即可旋转立体化图形的正面图形，立体化图形的立体效果会随正面图形的旋转而跟随旋转，如图11-46所示。

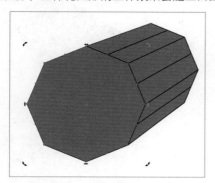

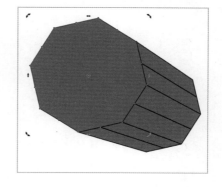

图11-46 旋转立体化图形

选取工具箱中"立体化"工具，选中立体化图形，用鼠标单击箭头后的叉形标志，拖动即可旋转和调整立体化图形，如图11-47所示。

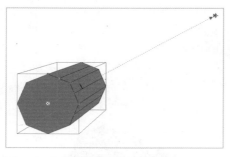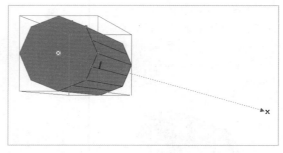

图11-47 应用控制点旋转图形

🔘 选取工具箱中"选择工具"，选中立体化图形，在属性栏中单击"立体化旋转"按钮，在弹出的下拉
列表中选择"旋转图形"选项，即可调整图形整体旋转，如图11-48所示。

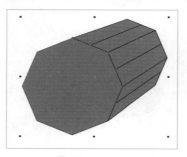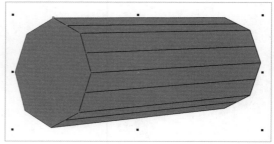

图11-48 整体旋转图形

11.4.4 调整立体化颜色

设置立体化图形的颜色有3种方式：使用对象填充、使用纯色填充、使用递减的颜色填充，每种方式都会产生不同的效果。

在属性栏上单击"立体化颜色"按钮，弹出相应的调整面板，如图11-49所示。

图11-49 "颜色"调整面板

🔘 选取工具箱中"选择工具"，选中立体化图形，然后在属性栏上单击"立体化颜色"按

钮，打开调整面板，立体化图形一般默认为"使用对象填充"，选择一种颜色，填充整个图形，如图11-50所示。

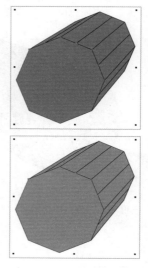

图11-50 应用"使用对象填充"的效果

🔵 选中一个立体化图形，在属性栏上单击"立体化颜色"按钮，打开调整面板，单击"使用纯色"按钮，然后单击"立体色纯色/阴影"按钮，打开下拉框，选择相应的色块。

"使用纯色"只能改变图形立体部分的颜色，如图11-51所示。

🔵 选中一个立体化图形，在属性栏上单击"立体化颜色"按钮，打开调整面板，单击"使用递减的颜色"按钮，分别在"从"和"到"下拉列表框中选择所需要的颜色，"使用递减的颜色"只能改变图形立体部分的颜色，如图11-52所示。

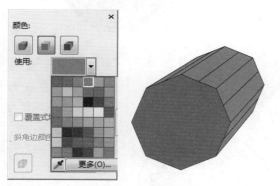

图11-51 应用"使用纯色"的效果

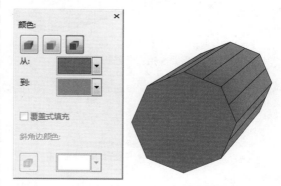

图11-52 应用"使用递减的颜色"的效果

应用案例 添加斜角修饰边

素材：光盘\素材\第11章\斜角修饰边.cdr　效果文件：光盘\效果\第11章\斜角修饰边.cdr、斜角修饰边.jpg　视频：光盘\视频\第11章\11.4 添加斜角修饰边.mp4

STEP 01 打开一个项目文件，选取工具箱中的"选择工具"，选择图形，如图11-53所示。

STEP 02 在属性栏上单击"立体化倾斜"按钮，打开相应的调整面板，如图11-54所示。

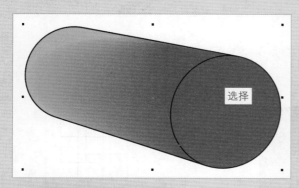

图11-53 打开项目文件并选择图形

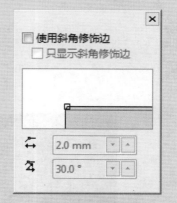

图11-54 打开"立体化倾斜"面板

STEP 03 选中"使用斜角修饰边"复选框，即可给图形添加修饰边，如图11-55所示。

STEP 04 选中"只显示斜角修饰边"复选框，即可隐藏图形的立体效果，如图11-56所示。

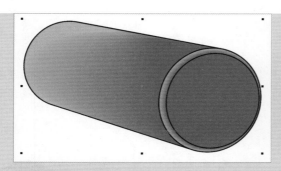

图11-55 应用"使用斜角修饰边"

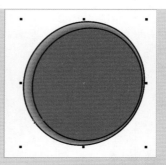

图11-56 应用"只显示斜角修饰边"

STEP 05 在"立体化倾斜"设置面板上，设置相应的数值，按【Enter】键确认，即可改变图形修饰边的效果，如图11-57所示。

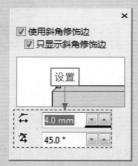

图11-57 设置修饰边的深度和角度

应用案例

添加光源

素材：光盘\素材\第11章\光源.cdr　效果文件：光盘\效果\第11章\光源.cdr、光源.jpg
视频：光盘\视频\第11章\11.4 添加光源.mp4

STEP 01 打开一个项目文件，选取工具箱中的"选择工具"，选择图形，如图11-58所示。

STEP 02 在属性栏上单击"立体化照明"按钮，打开相应的调整面板，如图11-59所示。

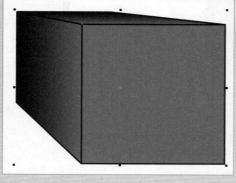

图11-58 打开项目文件并选择图形

图11-59 打开"立体化倾斜"面板

STEP 03 单击"光源1"按钮，即可给图形添加光源效果，如图11-60所示。

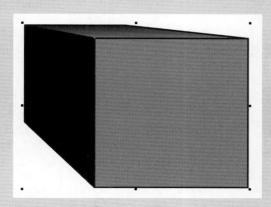

图11-60 添加光源

STEP 04 在"立体化照明"调整面板上，可以使用鼠标左键选中光源序号，拖动至其他的交点上，页面中图形的光源效果也会随之改变，如图11-61所示。

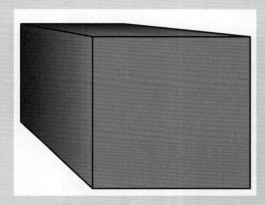

图11-61 移动光源点位置

STEP 05 在"立体化照明"调整面板上，再单击"光源2"或"光源3"按钮，可以给图形添加多个光源效果，如图11-62所示。

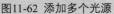
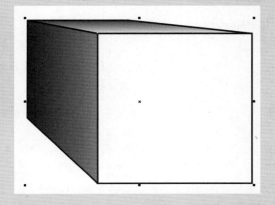

图11-62 添加多个光源

【11.5 制作斜角效果】

斜角效果通过使对象的边缘倾斜，将三维深度立体效果添加到图形或文本对象上，为对象创造凸起或浮雕的视觉效果。为图形或文本对象创建出的效果可以随时移除，斜角效果只能应用到矢量对象和美术文本上，不能应用于位图。

应用案例

创建柔和斜角效果

素材：光盘\素材\第11章\ 效果文件：光盘\效果\第11章\柔和斜角效果.cdr、柔和斜角效果.jpg 视频：光盘\视频\第11章\11.5 创建柔和斜角效果.mp4

STEP 01 选取工具箱中的"矩形工具"，在绘图页面中绘制一个矩形，在工具属性栏上设置"轮廓宽度"为"无"，在调色板上单击"春绿"色块填充颜色，如图11-63所示。

STEP 02 选择"效果"｜"斜角"命令，打开"斜角"泊坞窗，如图11-64所示。

图11-63 绘制矩形

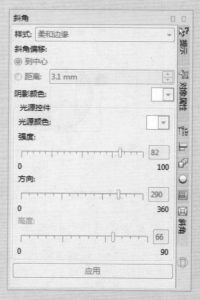

图11-64 打开"斜角"泊坞窗

STEP 03 选取工具箱中的"选择工具"，选中矩形，然后在"斜角"泊坞窗中设置"样式"为"柔和边缘"，选中"到中心"单选按钮，设置"阴影颜色"为黑色、"光源颜色"为白色、"强度"为82、"方向"为90、"高度"为66，如图11-65所示。

STEP 04 单击"应用"按钮，即可为矩形添加相应的效果，如图11-66所示。

STEP 05 复制矩形，选取工具箱中的"选择工具"将矩形选中，选择"效果"｜"清除效果"命令，即可清除复制矩形上的"柔和边缘"样式效果，如图11-67所示。

STEP 06 选中矩形，然后在"斜角"泊坞窗中设置"样式"为"柔和边缘"，选中"距离"复选框，设置"距离"为3.5mm、"阴影颜色"为黑色、"光源颜色"为白色、"强度"为75，"方向"为90、"高度"为60，如图11-68所示。

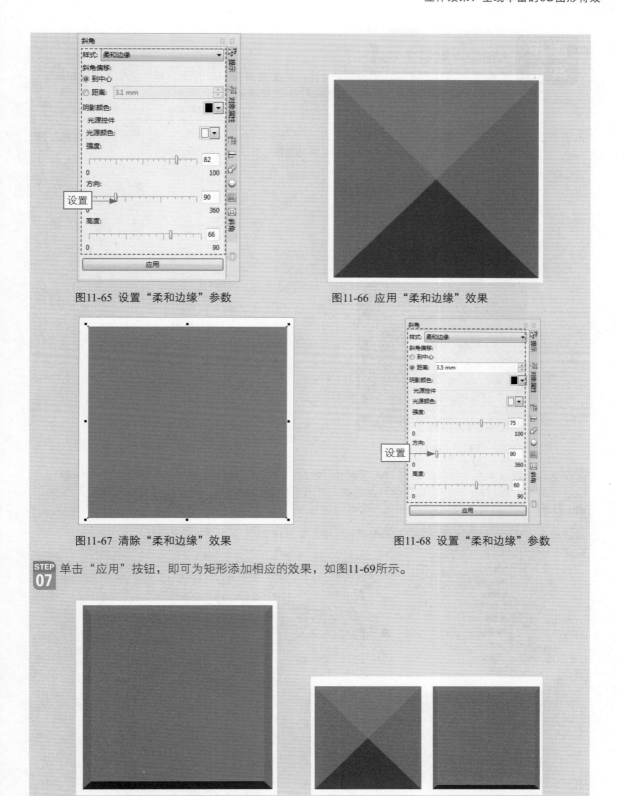

图11-65 设置"柔和边缘"参数　　　　　图11-66 应用"柔和边缘"效果

图11-67 清除"柔和边缘"效果　　　　　图11-68 设置"柔和边缘"参数

STEP 07 单击"应用"按钮，即可为矩形添加相应的效果，如图11-69所示。

图11-69 应用"柔和边缘"效果

应用案例

创建浮雕斜角效果

素材：光盘\素材\第11章\　效果文件：光盘\效果\第11章\浮雕斜角效果.cdr、浮雕斜角
效果.jpg　视频：光盘\视频\第11章\11.5　创建浮雕斜角效果.mp4

STEP 01 选取工具箱中的"矩形工具"，在绘图页面中绘制一个矩形，在工具属性栏上设置"轮廓宽度"为"无"，在调色板上单击"春绿"色块为矩形填充颜色，如图11-70所示。

STEP 02 选择"效果"｜"斜角"命令，打开"斜角"泊坞窗，如图11-71所示。

图11-70 绘制矩形并填充颜色

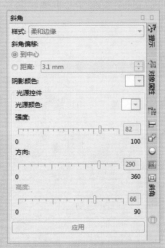

图11-71 打开"斜角"泊坞窗

STEP 03 选取工具箱中的"选择工具"，选中矩形，然后在"斜角"泊坞窗中设置"样式"为"浮雕"、"距离"为2.0mm、"阴影颜色"为黑色、"光源颜色"为白色、"强度"为60，"方向"为90，如图11-72所示。

STEP 04 单击"应用"按钮，即可为矩形添加相应效果，如图11-73所示。

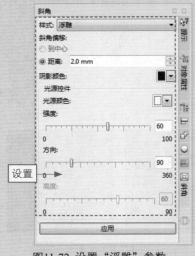

图11-72 设置"浮雕"参数

图11-73 应用"浮雕"效果

应用案例

制作金属字

素材：光盘\素材\第11章\　效果文件：光盘\效果\第11章\金属字.cdr、金属字.jpg
视频：光盘\视频\第11章\11.5 制作金属字.mp4

STEP 01 选取工具箱中的"文本工具"，在绘图页面中输入文本，在工具属性栏上设置"字体"为"Arial"、"字体大小"为200pt，效果如图11-74所示。

STEP 02 选取工具箱中的"交互式填充"工具，在属性栏上单击"渐变填充"按钮，再选中"矩形渐变填充"，设置"渐变颜色"为从黑色到白色，并调整渐变中心点的位置和角度，效果如图11-75所示。

图11-74 输入文本

图11-75 填充渐变样式

STEP 03 选取工具箱中的"选择工具"，选中文字，再选取工具箱中的"立体化"工具，选中文字并拖动，即可为文字添加立体化效果，如图11-76所示。

STEP 04 在"立体化"工具的属性栏上单击"立体化倾斜"按钮，打开相应的调整面板，选中"使用斜角修饰边"复选框，设置"斜角修饰边深度"为0.9mm、"斜角修饰边角度"为45.0°，如图11-77所示。

图11-76 添加立体化效果

图11-77 设置斜角修饰边

11.6 专家支招

在菜单栏中的"效果"菜单中，不仅有"清除效果"命令，还有"复制效果"和"克隆效果"命令。使用"清除效果"命令可以直接清除图形上的特殊效果，而"复制效果"和"克隆效果"命令需要页面中有两个或两个以上的对象才能使用，选中一个需要添加效果的对象，执行"复制效果"或"克隆效果"命令后，单击效果对象，即可复制或克隆效果。

11.7 总结扩展

本章主要讲解了图形立体效果和一些特殊效果的制作方法，在使用CorelDRAW X7进行图形编辑、平面设计工作时，这些都是必须了解且常用的基础知识，用户在学习时需要认真、仔细，细细研究，结合理论与案例加以实践。

11.7.1 本章小结

通过学习本章内容，读者可以掌握创建轮廓图效果、编辑轮廓图效果、创建封套效果、编辑封套效果、创建透视效果、编辑透视效果、制作立体化效果、编辑立体化效果、创建柔和斜角效果、创建浮雕斜角效果及快速清除、复制图形特殊效果等知识点，可以帮助读者举一反三，使编辑和设计图形操作更为流畅、精准。

11.7.2 举一反三——制作招聘海报

在CorelDRAW X7中，可以使用轮廓图效果、透视效果、立体化效果及斜角效果制作招牌海报。

应用案例 举一反三——制作招聘海报

素材：光盘\视频\第11章\招牌海报.cdr、星星素材.cdr 效果文件：光盘\视频\第11章\招牌海报.cdr、招牌海报.jpg 视频：光盘\视频\第11章\11.7.2 举一反三——制作招聘海报.mp4

STEP 01 按【Ctrl + O】组合键，打开一个项目文件，如图11-78所示。

STEP 02 选择"文件" | "导入"命令，导入相应的素材文件，并适当调整其大小和位置，如图11-79所示。

图11-78 打开项目文件

图11-79 导入并调整素材

STEP 03 选取工具箱中的"选择工具"，选中素材图像，选择"效果"｜"添加透视"命令，调整素材图形的视觉效果，如图11-80所示。

STEP 04 选取工具箱中的"文本工具"，在页面中的适当位置输入文字，在工具属性栏上设置"字体"为"方正综艺简体"、"字体大小"为510pt、"颜色"设置为白色，并调整其位置，效果如图11-81所示。

图11-80 调整素材的透视效果

图11-81 输入文字并调整

STEP 05 参照上一步操作，在页面中的适当位置输入文字，如图11-82所示。

STEP 06 选取工具箱中的"选择工具"，选中"诚"字，再选取工具箱中的"立体化"工具，按下鼠标左键拖动，为其添加立体化效果，效果如图11-83所示。

图11-82 输入文字

图11-83 添加立体效果

STEP 07 然后在工具属性栏上设置"灭点坐标"分别为115mm、-107mm，设置"深度"为95，在"立体化颜色"中选择"使用递减的颜色"，设置"从"和"到"的"立体色纯色/阴影"分别为蓝色（CMYK参数值为85、56、0、0）和黑色，效果如图11-84所示。

STEP 08 选取工具箱中的"选择工具"，选中"诚"字，打开"斜角"泊坞窗，设置"样式"为"柔和边缘"，选中"距离"复选框，设置"距离"为2.5mm、"阴影色"为无、"光源色"为白色、"强度"为100、"方向"为158、"高度"为66，单击"应用"按钮，效果如图11-85所示。

调整 →

图11-84 调整位置并设置颜色

图11-85 添加"柔和边缘"效果

STEP 09 参照上两步的操作方法，给其他的3个文字添加相应的效果，如图11-86所示。

STEP 10 选取工具箱中的"文本工具"，在页面中的适当位置输入相应的文本，在工具属性栏上设置"字体"为"方正综艺简体"、"字体大小"为150pt、"颜色"填充为白色，效果如图11-87所示。

图11-86 添加样式效果

输入 →

图11-87 输入文本并设置相关属性

STEP 11 选取工具箱中的"选择工具"，选中文本，打开"轮廓图"泊坞窗，激活"外部轮廓"按钮，设置"轮廓图步长"为3、"轮廓图偏移"为2.0mm、"填充色"为蓝色（CMYK参数值为86、56、0、0），效果如图11-88所示。

STEP 12 选取工具箱中的文本工具，在页面中的适当位置输入相应的文本，并调整文本的相应属性和位置，如图11-89所示。

图11-88 添加"轮廓图"效果

输入 →

图11-89 输入文本并设置相关属性

第12章 滤镜效果：制作酷炫的位图特效

CorelDRAW X7是一个综合性图形设计软件，可以编辑和处理各种矢量图形，同时也可以导入和处理多种多样的图像，可以对图像进行编辑和处理，并可以应用滤镜功能创建位图的特殊效果。

【12.1 将对象转换为位图

位图是由像素网格或网格组成的图像，它不同于矢量图形和文本。在CorelDRAW X7中，可以将矢量图形转换为位图，应用位图的特殊效果。

12.1.1 编辑位图

在绘图过程中，如果要对位图进行编辑，用户可以直接在中文版CorelDRAW X7中启动位图编辑程序Corel PHOTO-PAINT。

在CorelDRAW X7中，选择工具箱中的"选择工具"，选择要编辑的位图，选择"位图"|"编辑位图"命令，即可启动Corel PHOTO-PAINT，进入其工作界面。Corel PHOTO-PAINT提供了很多用于编辑图像的工具，使用这些工具可以轻松地完成位图的编辑和创作。关于Corel PHOTO-PAINT的使用方法可以参考它的帮助文件，或者参考其他相关书籍。

12.1.2 裁剪位图

使用"裁剪位图"命令可以裁剪位图中不需要的部分。如果要在导入位图时对位图进行裁剪，只需在"导入"对话框中的导入文件方式下拉列表中选择"裁剪并装入"选项即可，如图12-1所示，单击"导入"按钮后，弹出"裁剪图像"对话框，如图12-2所示。

图12-1 "导入"对话框

图12-2 "裁剪图像"对话框

在"裁剪图像"对话框中，用户设置要裁剪的区域后，单击"确定"按钮，导入的图像即为裁剪后的图像，如图12-3所示。

图12-3 导入并裁剪图像效果

在将位图导入到中文版CorelDRAW X7中后，也可以对位图进行剪裁。使用工具箱中的"形状工具"和节点进行编辑也可剪裁位图。节点编辑的功能十分强大，可以在位图边框下添加或者删除节点，改变节点和线段的类型，也可以任意剪裁位图，其具体操作如下：

选择工具箱中的"形状工具"，在要剪裁的位图上单击，此时位图周围将出现如图12-4所示的节点。

可使用鼠标拖动节点来改变位图的形状，也可以像编辑曲线对象那样改变节点和边框线的类型，从而通过移动节点、曲线和控制点来改变位图的形状。还可以在边框线上添加或者删除节点，以便更好地控制位图的形状。改变位图的形状后，如果满意，可选择"位图"|"裁剪位图"命令，或者在位图上单击鼠标右键，在弹出的快捷菜单中选择"裁剪位图"命令，即可裁剪位图，裁剪后的效果如图12-5所示。

图12-4 显示节点　　　　　　　　　　　图12-5 裁剪后的效果

12.1.3　跟踪位图

在中文版CorelDRAW X7中，使用"快速描摹"和"轮廓描摹"命令，可以将位图转换为矢量图形，其具体操作步骤如下：

- 选择需要转换为矢量图形的位图，选择"位图"|"快速描摹"命令或在工具属性栏上单击"描摹位图"按钮，在弹出的面板中选中"快速描摹"，效果如图12-6所示。

- 选择需要转换为矢量图形的位图，选择"位图"|"轮廓描摹"|"线条图"命令或在工具属性栏上单击"描摹位图"按钮，在弹出的面板中选择"轮廓描摹"|"线条图"，此时位图被载入到PowerTRACE中，单击"确定"按钮，即可得到相应样式的效果，如图12-7所示。

图12-6 应用"快速描摹"效果

图12-7 应用"轮廓描摹"效果

12.2 改变位图模式

在中文版CorelDRAW X7中运用位图菜单提供的"模式"命令，可以在各种色彩模式之间进行转换。位图中的图像可以转换为黑白、灰度、双色等颜色模式，用户可以根据需要对图像颜色模式进行转换。

12.2.1 "黑白"模式

"黑白"模式是1位位图模式，没有灰度级别，适用于艺术线条和一些简单的图形。

转换为"黑白"模式的具体操作步骤如下：

● 运用"选择工具"选中要转换为"黑白"模式的位图对象。选择"位图"|"模式"|"黑白"命令，弹出"转换为1位"对话框，如图12-8所示。

● 将鼠标移到左侧的窗口中，此时鼠标指针变为手形，拖动鼠标可以移动窗口中对象的显示位置，单击鼠标左键可以放大图像，单击鼠标右键可以缩小图像。

图12-8 "转换为1位"对话框

● 在 "转换方法" 下拉列表中有 "线条图" "顺序" "Jarvis" "Stucki" "Floyd-Steinberg" "半色调" "基数分布" 7个选项,选择不同的转换方法,其参数和效果是不同的。

"灰度" 模式

"灰度" 模式是8位位图模式,能够将选中的位图转换为具有类似黑白照片的效果。有时只有将位图转换为 "灰度" 模式后,才能转换为其他模式。

转换为 "灰度" 模式的具体操作步骤如下:

运用 "选择工具" 选中要转换为 "灰度" 模式的位图对象。选择 "位图" | "模式" | "灰度" 命令,即可将选中的对象转换为灰度模式,如图12-9所示。

图12-9 转换为 "灰度" 模式

 专家指点

将位图转换为 "灰度" 模式后,虽然可以重新将其转换为有彩色模式,但位图原来的颜色不能恢复。

"双色" 模式

"双色" 模式也是一种8位灰度位图模式,它在 "灰度" 模式的基础上添加了几种颜色,从而可以产生带有颜色的灰度效果。这种颜色模式包括单色调、双色调、三色调和四色调。

转换为 "双色" 模式的具体操作步骤如下:

运用 "选择工具" 选中要转换为 "双色" 模式的位图对象。选择 "位图" | "模式" | "双色" 命令,弹出 "双色调" 对话框,如图12-10所示。

下面介绍 "类型" 下拉列表框中主要选项的含义。

● 单色调:相当于灰度图像,主要由黑、白两种颜色构成。通过调节色泽曲线可以调节对象的黑白程度和分布。

● 双色调:用黑墨水与另一种彩色墨水创建的图像。用户可以通过在彩色色块上双击,打开 "单击颜色" 对话框,在其中单击另一种彩色墨水。

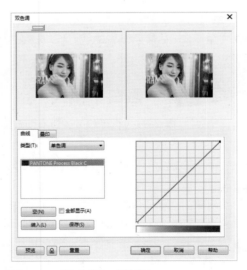

图12-10 "双色调" 对话框

● 三色调：用3种墨水创建图像，也就是在双色调的基础上添加了一种颜色，这3种墨水颜色也可以重新设置。

● 四色调：用4种墨水创建图像，其中的墨水颜色也可以重新设置。

如果单击"装入"按钮，在弹出的"加载双色调文件"对话框中单击一种样式，然后单击"打开"按钮，可以载入系统提供的其他双色位图样式。

单击"保存"按钮，可以将调节好的双色调效果保存起来，成为新的双色调样式。

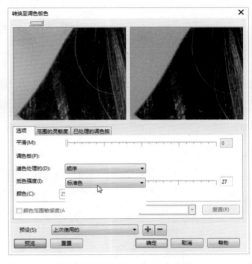

12.2.4 调色板模式

调色板模式也是8位颜色模式，它最多可以使用256种颜色来保存并显示图像。这种颜色模式基本上能够满足一般需要，而且转换后的文件比较小。在将位图转换为调色板模式时，可以单击一种预定义的类型，也可以根据位图中的颜色创建自定义调色板。

转换为"调色板模式"的具体操作步骤如下：

运用"选择工具"选中要转换为调色板模式的位图对象。选择"位图"|"模式"|"调色板"命令，弹出"转换至调色板色"对话框，如图12-11所示。在弹出的对话框中设置好各选项后，单击"确定"按钮即可将选中的对象转换为"调色板"模式。

图12-11 "转换至调色板色"对话框

12.3 位图的滤镜效果

中文版CorelDRAW X7提供了一系列用于创建位图滤镜效果的菜单命令，运用这些命令可以创建出专业的具有艺术气息的位图效果。

12.3.1 制作三维效果

在中文版CorelDRAW X7中，提供了多种用于位图对象的三维效果，运用这些效果可以使位图更加生动、有艺术感。

1．三维旋转效果

运用"三维旋转"命令可以使图像产生一种深巷般的效果。

为位图添加三维旋转效果的具体操作步骤如下：

运用"选择工具"选中需要添加三维旋转效果的位图。选择"位图"|"三维效果"|"三维旋转"命令，在弹出的"三维旋转"对话框中的"垂直"和"水平"文本框中设置位图的垂直和水平旋转方向。单击"预览"按钮，可以观察绘图页面上的位图效果，达到满意的效果后，单击"确定"按钮即可，如图12-12所示。

图12-12 "三维旋转"对话框及位图三维旋转效果

● "垂直"选项：可以在垂直方向上旋转位图对象。

● "水平"选项：可以在水平方向上旋转位图对象。

● "最适合"选项：可以使图像适合图框。

2．柱面效果

运用"柱面"命令可以使图像产生类似于圆柱表面贴图的凸出或者凹陷曲面贴图的效果。

为位图添加柱面效果的具体操作步骤如下：

运用"选择工具"选中需要添加柱面效果的位图。选择"位图"|"三维效果"|"柱面"命令，在弹出的"柱面"对话框中的"柱面模式"选项组中，选中"水平"或"垂直"单选按钮，拖动"百分比"右侧的滑块，设置变形贴图的范围。单击"预览"按钮，观察绘图页面上的效果，满意后单击"确定"按钮即可，如图12-13所示。

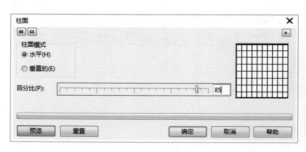

图12-13 "柱面"对话框及位图柱面效果

● "水平"单选按钮：选择此单选按钮，可以使图像产生一种贴在水平圆柱上的凸出效果或凹陷效果。

● "垂直"单选按钮：选择此单选按钮，可以使图像产生一种贴在垂直圆柱上的凸出效果或凹陷效果。

● "百分比"滑块：拖动滑块可以设置缠绕的强度。

3．浮雕效果

运用"浮雕"命令可以使图像产生一种类似于浮雕的效果。

为位图添加浮雕效果的具体操作步骤如下：

运用"选择工具"选中需要添加浮雕效果的位图。选择"位图"|"三维效果"|"浮雕"命令，在弹出的"浮雕"对话框中，拖动"深度"右侧的滑块，可以设置浮雕效果的深度，拖动"层次"右侧的滑块，可以设置浮雕效果层次。在"浮雕色"选项组中，选择一种浮雕颜色模式，若选中"其他"单选按钮，可以单击 ✐ 按钮，在位图或左方的预览窗口中选取浮雕的颜色，也可以在其左侧的颜色下拉列表中

选择一种颜色。在"方向"选项右侧的文本框中，设置光源的照射方向。单击"预览"按钮，观察绘图页面中的效果，满意后单击"确定"按钮即可，如图12-14所示。

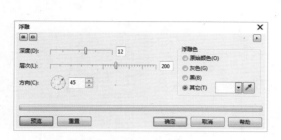
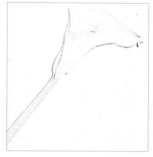

图12-14 "浮雕"对话框及位图浮雕效果

4．卷页效果

运用"卷页"命令可以使图像产生一种类似于卷纸的效果。

为位图添加卷页效果的具体操作步骤如下：

运用"选择工具"选中需要添加卷页效果的位图。选择"位图"|"三维效果"|"卷页"命令，弹出的"卷页"对话框。在"卷页"对话框中，单击一种页面卷角按钮，设置卷角方式；在"定向"选项组中选择页面卷角的方向；在"纸张"选项组中，设置纸张卷角是否透明；在"颜色"选项组中设置"卷曲"的颜色和"背景"的颜色；拖动"高度"和"宽度"右侧的滑块，设置卷曲的位置；单击"预览"按钮，观察页面效果，满意后单击"确定"按钮即可，如图12-15所示。

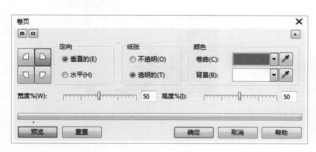

图12-15 "卷页"对话框及位图卷页效果

制作艺术笔触

中文版CorelDRAW X7提供了多种用于位图对象的艺术笔触效果，下面介绍其中的4种。

1．炭笔画

运用"炭笔画"命令可以使位图产生一种类似于使用炭笔在画板上画图的效果。它可以将图像转化为黑白颜色。

为位图对象添加炭笔画效果的具体操作步骤如下：

运用"选择工具"选中需要添加炭笔画效果的位图。选择"位图"|"艺术笔触"|"炭笔画"命令，弹出"炭笔画"对话框。在"炭笔画"对话框中，拖动"大小"选项和"边缘"选项右侧的滑块，分别设置画笔的尺寸和边缘的大小；单击"预览"按钮，观察绘图页面中的效果，满意后单击"确定"按钮即，

如图12-16所示。

图12-16 "炭笔画"对话框及位图炭笔画效果

2．单色蜡笔画

运用"单色蜡笔画"命令可以使位图产生一种雾化效果。

为位图对象添加单色蜡笔画效果的具体操作步骤如下：

运用"选择工具"选中需要添加单色蜡笔画效果的位图。选择"位图"|"艺术笔触"|"单色蜡笔画"命令，在弹出的"单色蜡笔画"对话框中的"单色"选项组中，选中各色块左侧的复选框，选择粉笔的颜色；拖动"压力"选项和"底纹"选项右侧的滑块，分别设置图像效果的柔和程度和纹理效果；单击"预览"按钮，观察绘图页面中的效果，满意后单击"确定"按钮即可，如图12-17所示。

图12-17 "单色蜡笔画"对话框及位图单色蜡笔画效果

3．蜡笔画

运用"蜡笔画"命令，可以使位图产生一种类似于蜡笔画出来的融化效果。

为位图对象添加蜡笔画效果的具体操作步骤如下：

运用"选择工具"选中需要添加蜡笔画效果的位图。选择"位图"|"艺术笔触"|"蜡笔画"命令，在弹出的"蜡笔画"对话框中，拖动"大小"选项和"轮廓"选项右侧的滑块，分别设置蜡笔笔头的大小和轮廓线的粗细；单击"预览"按钮，观察绘图页面中的效果，满意后单击"确定"按钮即可，如图12-18所示。

图12-18 "蜡笔画"对话框及位图蜡笔画效果

4．立体派

运用"立体派"命令可以使位图产生一种类似于绘画艺术中的立体派风格的效果。

为位图对象添加立体派效果的具体操作步骤如下：

运用"选择工具"选中需要添加立体派效果的位图。选择"位图"|"艺术笔触"|"立体派"命令，在弹出的"立体派"对话框中拖动"大小"选项和"亮度"选项右侧的滑块，分别设置图像的柔和效果和亮度。单击"纸张色"选项右侧的下拉按钮，在弹出的下拉列表中选择一种纸张颜色。单击"预览"按钮，观察绘图页面上的效果，满意后单击"确定"按钮即可，如图12-19所示。

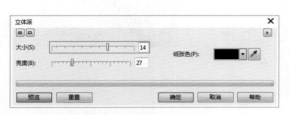
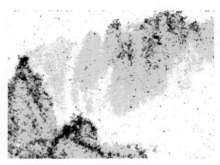

图12-19 "立体派"对话框及位图立体派效果

12.3.3 制作模糊效果

"模糊效果"是指运用中文版CorelDRAW X7提供的"模糊效果"命令创建出的平滑图像效果。中文版CorelDRAW X7提供了10种用于位图对象的模糊效果，运用这些效果可以使位图更具动感，下面介绍其中的4种。

1．高斯式模糊效果

运用"高斯式模糊"命令可以使位图产生高斯模糊效果。

为位图对象添加高斯模糊效果的具体操作步骤如下：

运用"选择工具"选中需要添加高斯模糊效果的位图。选择"位图"|"模糊"|"高斯模糊"命令，在弹出的"高斯式模糊"对话框中，拖动"半径"选项右侧的滑块，设置图像像素的扩散半径。完成设置后单击"预览"按钮，观察绘图页面中的效果，满意后单击"确定"按钮即可，如图12-20所示。

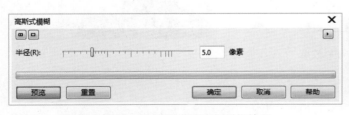

图12-20 "高斯式模糊"对话框及位图高斯模糊效果

2．低通滤波器

运用"低通滤波器"命令可以使位图产生柔化的模糊效果。

为位图对象添加低通滤波器效果的具体操作步骤如下：

运用"选择工具"选中需要添加低通滤波器效果的位图。选择"位图"|"模糊"|"低通滤波器"命令，在弹出的"低通滤波器"对话框中，拖动"百分比"选项和"半径"选项右侧的滑块，分别设置图像的模糊程度和图像效果中的抽样宽度。完成设置后单击"预览"按钮，观察绘图页面上的效果，满意后单击"确定"按钮即可，如图12-21所示。

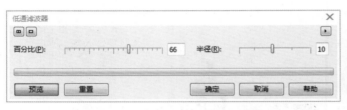

图12-21　"低通滤波器"对话框及位图低通滤波器效果

3．动态模糊效果

运用"动态模糊"命令可以使图像产生类似运动时的模糊效果，如汽车飞驰而过的动感效果。

为图像添加动态模糊效果的具体操作步骤如下：

运用"选择工具"选中需要添加动态模糊效果的图像。选择"位图"|"模糊"|"动态模糊"命令，在弹出的"动态模糊"对话框中，拖动"间距"选项下侧的滑块，或在滑块右侧的数值框中直接输入数值，设置图像产生动态模糊的强度。在"方向"数值框中设置运动模糊的移动方向。

在"图像外围取样"选项组中设置图像取样的部分。

- "忽略图像外的像素"单选按钮：选中该单选按钮，可以将图像外的像素模糊效果忽略。
- "使用纸的颜色"单选按钮：选中该单选按钮，可以在模糊效果开始处使用纸的颜色。
- "提取最近边缘的像素"单选按钮：选中该单选按钮，可以在模糊效果开始处使用图像边缘的颜色。

单击"预览"按钮，观察页面上的效果，满意后单击"确定"按钮即可，如图12-22所示。

图12-22　"动态模糊"对话框及位图动态模糊效果

4．缩放效果

运用"缩放"命令，可以使图像产生一种从中心开始向外逐渐增强的模糊效果。

为图像添加缩放效果的具体操作步骤如下：

运用"选择工具"选中需要添加缩放效果的图像。选择"位图"|"模糊"|"缩放"命令，在弹出的

"缩放"对话框中，拖动"数量"选项右侧的滑块，或在其数值框中输入数值，设置缩放效果的强度。单击"预览"按钮，观察绘图页面中的效果，满意后单击"确定"按钮即可，如图12-23所示。

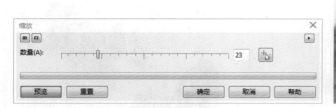

图12-23 "缩放"对话框及位图缩放效果

制作相机效果

"相机效果"可以模拟由扩散的过滤器产生的效果，其中只有一个"扩散"命令，它是通过扩散图像像素产生的一种类似于相机扩散镜头焦距的柔化效果。

为图像添加相机效果的具体操作步骤如下：

运用"选择工具"选中要添加相机效果的图像。选择"位图"|"相机"|"扩散"命令，在弹出的"扩散"对话框中，拖动"层次"右侧的滑块或在数值框中输入数值，设置扩散的强度。单击"预览"按钮，观察页面中的效果，满意后单击"确定"按钮即可，如图12-24所示。

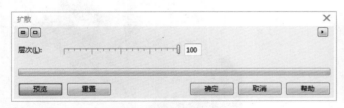

图12-24 "扩散"对话框及位图相机效果

制作颜色变换效果

运用"颜色转换"命令提供的位图颜色转换器，可以修改图像中的色彩。中文版CorelDRAW X7提供了4种不同的颜色变换效果，用户可以根据这些命令改变位图的颜色。

1．位平面效果

运用"位平面"命令可以将图像色彩变为基本的RGB色彩，并用纯色将图像显示出来。

为图像添加位平面效果的具体操作步骤如下：

选中需要添加位平面效果的图像，选择"位图"|"颜色转换"|"位平面"命令，在弹出的"位平

面"对话框中，拖动"红""绿""蓝"选项右侧的滑块，或在相应的数值框中输入数值，改变图像的色彩。若选中"应用于所有位图"复选框，在调整任何一处颜色的数值时，3种颜色的数值将同时被调整；如果不选中该复选框，则只调整一种颜色的数值。单击"预览"按钮观察绘图页面中的图像，满意后单击"确定"按钮即可，如图12-25所示。

图12-25 "位平面"对话框及位图位平面效果

2．半色调效果

运用"半色调"命令可以将位图图像分为多个矩形块，并用与矩形块亮度成正比的、大小不同的圆来代替矩形块，模拟在图像的每个颜色通道中，使用放大的半调网屏效果。

使用"半色调"命令的具体操作步骤如下：

选中需要添加半色调效果的图像，选择"位图"|"颜色变换"|"半色调"命令，在弹出的"半色调"对话框中，拖动"青""品红""黄""黑"右侧的滑块，或在相应的数值框中输入数值，分别设置"青""品红""黄""黑"4种颜色通道的网角值。拖动"最大点半径"下侧的滑块，设置半色调网点的大小，单击"预览"按钮，观察绘图页面中的图像，满意后单击"确定"按钮即可，如图12-26所示。

图12-26 "半色调"对话框及位图半色调效果

3．梦幻色调效果

运用"梦幻色调"命令可以将位图颜色变得更加明快、鲜艳，从而产生一种梦幻般的效果。

为图像添加梦幻色调效果的具体操作步骤如下：

选中需要添加梦幻色调效果的图像，选择"位图"|"颜色变换"|"梦幻色调"命令，在弹出的"梦幻色调"对话框中，拖动"层次"选项右侧的滑块，改变幻影的程度。单击"预览"按钮，观察绘图页面中的图像，满意后单击"确定"按钮即可，如图12-27所示。

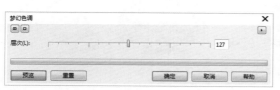

图12-27 "梦幻色调"对话框及位图梦幻色调效果

4．曝光效果

运用"曝光"命令可以混合位图图像的正片和负片，产生一种类似于胶卷曝光的效果。

为图像添加曝光效果的具体操作步骤如下：

选中需要添加曝光效果的图像，选择"位图"｜"颜色变换"｜"曝光"命令，在弹出的"曝光"对话框中，拖动"层次"选项右侧的滑块，改变曝光的程度。单击"预览"按钮，观察绘图页面中的图像，满意后单击"确定"按钮即可，如图12-28所示。

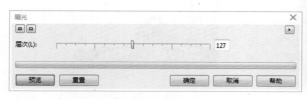

图12-28 "曝光"对话框及位图曝光效果

12.3.6 制作轮廓图效果

运用"轮廓图"命令可以突出和增强图像的边缘部分。中文版CorelDRAW X7提供了3种不同的轮廓效果，根据位图图像中对象之间的对比度找到对象的轮廓，从而得到特殊的线条效果。该滤镜包含"边缘检测""查找边缘""描摹轮廓"效果。

1．边缘检测效果

运用"边缘检测"命令可以找到位图图像的边缘，同时将它们转换为线条和单色的背景。

为图像添加边缘检测效果的具体操作步骤如下：

选中需要添加边缘检测效果的图像，选择"位图"｜"轮廓图"｜"边缘检测"命令，在弹出的"边缘检测"对话框中的"背景色"选项组中，设置背景颜色为"白色""黑"或"其他"，拖动"灵敏度"选项下侧的滑块，改变探测的灵敏度。单击"预览"按钮，观察绘图页面中的效果，满意后单击"确定"按钮即可，如图12-29所示。

图12-29 "边缘检测"对话框及位图边缘检测效果

2．查找边缘效果

运用"查找边缘"命令，可以找到图像的边缘，并将这些边缘转换为线条。

为图像添加查找边缘效果的具体操作步骤如下：

选中需要添加查找边缘效果的图像，选择"位图"|"轮廓图"|"查找边缘"命令，弹出的"查找边缘"对话框。在该对话框中的"边缘类型"选项组中，选中"软"单选按钮，可以设置产生平滑模糊的轮廓线；选中"纯色"单选按钮，可以产生尖锐的轮廓线。拖动"层次"选项右侧的滑块，设置查找边缘的强烈程度，数值越大，边缘显示得越清楚，数值越小，边缘显示得越模糊。单击"预览"按钮，观察绘图页面中的效果，满意后单击"确定"按钮即可，如图12-30所示。

图12-30 "查找边缘"对话框及位图查找边缘效果

3．描摹轮廓效果

运用"描摹轮廓"命令可以将位图图像的边缘勾勒出来，达到一种描边的效果。

为图像添加描摹轮廓效果的具体操作步骤如下：

选中需要添加描摹轮廓效果的图像，选择"位图"|"轮廓图"|"描摹轮廓"命令，在弹出的"描摹轮廓"对话框中，拖动"层次"选项右侧的滑块，可以设置描摹轮廓的程度，在"边缘类型"选项组中可以设置轮廓的类型。单击"预览"按钮，观察绘图页面中的效果，满意后单击"确定"按钮即可，如图12-31所示。

图12-31 "描摹轮廓"对话框及位图描摹轮廓效果

12.3.7 制作创造性效果

运用"创造性"命令可以对图像应用不同的底纹和形状，创造性效果是中文版CorelDRAW X7中变化显著的特殊效果，共有4种特殊效果，可以模仿工艺品、纺织物的表面效果，可以生成马赛克、碎块效果，以及生成透过不同的玻璃看到的效果，还可以模拟出雪、雾等气象效果。创造性效果包括"工艺""晶体化""织物""框架""玻璃砖""儿童游戏""马赛克""质点""散开""茶色玻璃"等效果。

1. 晶体化效果

运用"晶体化"命令可以使位图图像产生一种类似透明水晶拼接起来的画面效果。

为图像添加晶体化效果的具体操作步骤如下：

选中需要添加晶体化效果的图像，选择"位图"|"创造性"|"晶体化"命令，在弹出的"晶体化"对话框中，拖动"大小"选项右侧的滑块，或在其数值框中输入数值，可以设置晶体化半径的大小。单击"预览"按钮，观察绘图页面中的效果，满意后单击"确定"按钮即可，如图12-32所示。

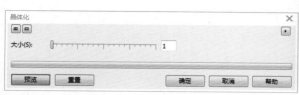

图12-32 "晶体化"对话框及位图晶体化效果

2. 织物效果

运用"织物"命令可以使位图对象产生一种类似于纺织品外观的效果。

为图像添加织物效果的具体操作步骤如下：

选中需要添加织物效果的图像，选择"位图"|"创造性"|"织物"命令，在弹出的"织物"对话框中，打开"样式"下拉列表，选择一种织物样式，拖动"大小"选项右侧的滑块，设置织物的纤维大小，拖动"完成"右侧的滑块，设置对象被纤维覆盖的百分比，拖动"亮度"选项右侧的滑块设置对象的亮度。单击"预览"按钮，观察绘图页面中的效果，满意后单击"确定"按钮即可，如图12-33所示。

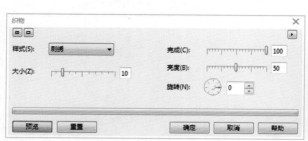

图12-33 "织物"对话框及位图织物效果

3. 散开效果

运用"散开"命令，可以将对象的像素扩散，产生一种特殊的散开效果。

为图像添加散开效果的具体操作步骤如下：

选中需要添加散开效果的图像，选择"位图"|"创造性"|"散开"命令，弹出的"散开"对话框，拖动"水平"选项和"垂直"选项右侧的滑块，或在相应的数值框中输入数值，可以设置对象像素扩散的范围。在默认状态下，两者是关联的，单击滑块后面的小锁图标可解除关联，对其进行单独设置。单击"预览"按钮，观察绘图页面中的效果，满意后单击"确定"按钮即可，如图12-34所示。

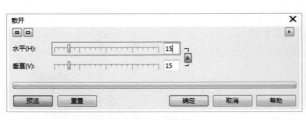

图12-34 "散开"对话框及位图散开效果

4. 玻璃砖效果

运用"玻璃砖"命令，可以使位图图像产生一种类似透过玻璃看到的画面效果。

为图像添加玻璃砖效果的具体操作步骤如下：

选中需要添加玻璃砖效果的图像，选择"位图"|"创造性"|"玻璃砖"命令，在弹出的"玻璃砖"对话框中，拖动"块宽度"和"块高度"右侧的滑块，或在相应的数值框中输入数值，可以设置玻璃砖的高度和宽度。单击"预览"按钮，观察绘图页面中的效果，满意后单击"确定"按钮即可，如图12-35所示。

图12-35 "玻璃砖"对话框及位图玻璃砖效果

12.3.8 制作扭曲效果

运用"扭曲"命令可以使图像表面变形，以创建多种变形效果，如各种波纹、漩涡、模拟湿笔画效果及模拟风动的效果等。扭曲效果包括"块状""置换""偏移""像素化""龟纹""平铺"等。

1．块状效果

运用"块状"命令可以将位图图像打散成小块扭曲效果。

为图像添加块状效果的具体操作步骤如下：

选中要添加块状效果的图像，选择"位图"|"扭曲"|"块状"命令，弹出"块状"对话框。在"未定义区域"下拉列表中，选择滤镜没有定义的背景部分颜色，拖动"块宽度"选项和"块高度"选项右侧的滑块，或在相应数值框中输入数值，可以设置块状图像被打散的程度。单击"预览"按钮，观察页面中的效果，满意后单击"确定"按钮即可，如图12-36所示。

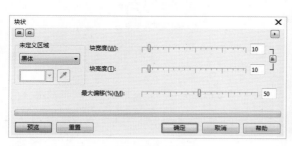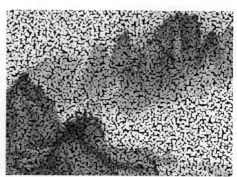

图12-36 "块状"对话框及位图块状效果

2．置换效果

运用"置换"命令可以将变形图样均匀地分布于原图像上。

为图像添加置换效果的具体操作步骤如下：

选中需要添加置换效果的图像，选择"位图"|"扭曲"|"置换"命令，弹出"置换"对话框。在"缩放模式"选项组中，选择一种缩放模式，在"未定义区域"下拉列表中，选择一种填充空白区域的类型，拖动"缩放"选项组中的"水平"和"垂直"滑块，或在相应的数值框中输入数值，可以设置效果图案的大小。单击"预览"按钮，观察绘图页面中的效果，满意后单击"确定"按钮即可，如图12-37所示。

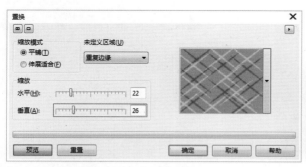

图12-37 "置换"对话框及位图置换效果

3．像素效果

运用"像素"命令可以按照像素模式使图像像素化，并产生一种放大的位图效果。

为图像添加像素效果的具体操作步骤如下：

选中需要添加像素效果的图像，选择"位图"|"扭曲"|"像素"命令，弹出"像素"对话框。在"像素化模式"选项组中，设置像素分散的模式，选中"射线"单选按钮后，可以单击右侧的 ⊕ 按钮，

确定图像进行辐射的中心，拖动"宽度"和"高度"右侧的滑块，可以设置像素点在宽度及高度上的大小，拖动"不透明"右侧的滑块，可以设置像素点的透明程度。单击"预览"按钮，观察绘图页面中的效果，满意后单击"确定"按钮即可，如图12-38所示。

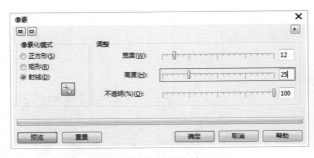
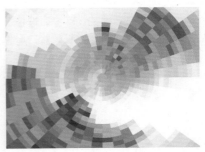

图12-38 "像素"对话框及位图像素效果

4．平铺效果

运用"平铺"命令可以将原图像作为单个元素在整个图像范围内按照设置的个数进行平铺排列。

为图像添加平铺效果的具体操作步骤如下：

选中需要添加平铺效果的图像，选择"位图"|"扭曲"|"平铺"命令，弹出"平铺"对话框。拖动"水平平铺"和"垂直平铺"右侧的滑块，设置水平方向和垂直方向平铺图像的数量，拖动"重叠"右侧的滑块，可以设置图像重叠百分比。单击"预览"按钮，观察绘图页面中的效果，满意后单击"确定"按钮即可，如图12-39所示。

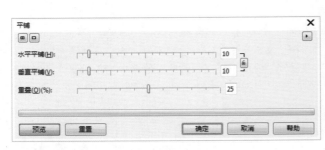

图12-39 "平铺"对话框及位图平铺效果

12.3.9　制作鲜明化效果

运用"鲜明化"命令可以产生鲜明化效果，以突出和强化边缘。通过搜索边缘并增加与相邻或背景像素之间的对比度，可以使图像清晰，并自动调节位图的边缘颜色。鲜明效果主要包括"适应非鲜明化""定向柔化""高通滤波器""鲜明化"和"非鲜明化遮罩"效果。

1．适应非鲜明化效果

运用"适应非鲜明化"命令可以通过分析位图图像边缘像素的值，使图像产生特殊的鲜明化效果。

为图像添加适应非鲜明化效果的具体操作步骤如下：

选中需要添加适应非鲜明化效果的图像，选择"位图"|"鲜明化"|"适应非鲜明化"命令，弹出"适应非鲜明化"对话框。在"适应非鲜明化"对话框中，拖动"百分比"右侧的滑块，可以设置鲜明

化的程度。单击"预览"按钮，观察绘图页面中的效果，满意后单击"确定"按钮即可，如图12-40所示。

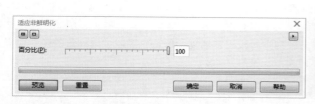

图12-40　"适应非鲜明化"对话框及位图适应非鲜明化效果

2．高通滤波器效果

运用"高通滤波器"命令可以删除低频区域，并在图像中留下阴影。

为图像添加高通滤波器效果的具体操作步骤如下：

选中需要添加高通滤波器效果的图像，选择"位图"|"鲜明化"|"高通滤波器"命令，弹出"高通滤波器"对话框。在该对话框中，拖动"百分比"选项右侧的滑块，可以设置高通滤波器效果的程度，拖动"半径"选项右侧的滑块，可以设置位图中参与转换的像素的范围。单击"预览"按钮，观察绘图页面中的效果，满意后单击"确定"按钮即可，如图12-41所示。

图12-41　"高通滤波器"对话框及位图高频通行效果

3．鲜明化效果

运用"鲜明化"命令可以使图像中各元素的边缘对比度增强。

为图像添加鲜明化效果的具体操作步骤如下：

选中需要添加鲜明化效果的图像，选择"位图"|"鲜明化"|"鲜明化"命令，弹出"鲜明化"对话框。在该对话框中，拖动"边缘层次"右侧的滑块，可以设置图像锐化效果的强度，选中"保护颜色"复选框，可以将效果应用于像素的亮度值，拖动"阈值"右侧的滑块，可以设置图像锐化区域的大小。单击"预览"按钮，观察页面中的效果，单击"确定"按钮即可，如图12-42所示。

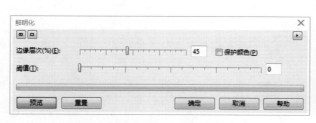

图12-42　"鲜明化"对话框及位图鲜明化效果

【12.4 专家支招

　　使用位图滤镜可以迅速地改变位图对象的外观效果。在CorelDRAW X7中，有多种不同特性的效果滤镜，每一种滤镜都有各自的特性。在"位图"菜单中有12组位图处理滤镜组，在每一组滤镜菜单中都包含多个滤镜效果。用户可以使用这些滤镜方便地进行校正、修复图像，也可以生成抽象的色彩效果，从而提高位图的可视性。

【12.5 总结扩展

　　用户在导入位图时对位图进行链接操作可以减小文件大小，提高操作速度。因为进行链接操作后，插入的位图可以是低分辨率的，但同时它又与高分辨率的位图保持链接关系。当原图发生变化时，选择"位图"|"自链接更新"命令，导入的图片也会发生相应的变化。在印刷排版时，它将以高分辨率的形式出现，从而取代低分辨率形式的位图。

12.5.1　本章小结

　　本章主要介绍了应用位图滤镜的操作方法，包括应用相机滤镜、应用高斯式模糊等效果、应用柱面等三维滤镜效果、应用印象派等艺术笔触效果、创造性等扭曲效果等。熟悉CorelDRAW X7中的位图滤镜，可以使用户能够合理地应用滤镜效果，使设计的作品更具有艺术魅力，掌握图形文件的输出方法，可以使用户非常方便地输出绘制完成的作品。

12.5.2　举一反三——制作风景邮票

　　应用CorelDRAW X7中的位图滤镜可以给位图添加滤镜特效制作风景邮票，下面介绍具体的操作步骤。

应用案例

举一反三——制作风景邮票

素材：光盘\素材\第12章\风景邮票.cdr、风景位图.jpg　效果文件：光盘\效果\第12章\风景邮票.cdr、风景邮票.jpg　视频：光盘\视频\第12章\12.4.2 举一反三——制作风景邮票.mp4

STEP 01 按【Ctrl+O】组合键，打开一个项目文件，如图12-43所示。

STEP 02 在菜单栏中选择"文件"|"导入"命令，导入"风景位图.jpg"素材图像，如图12-44所示。

STEP 03 适当调整风景位图图像的大小和位置，选中页面中的所有对象，在菜单栏中选择"对象"|"对齐和分布"|"水平居中对齐"和"垂直居中对齐"命令，对齐页面中的图像，效果如图12-45所示。

STEP 04 选取工具箱中的"选择工具"，选中风景图像，选择菜单栏中的"位图"|"杂点"|"添加杂点"命令，弹出"添加杂点"对话框，在其中设置"层次"为90、"密度"为50，并选中"高斯式"单选按钮和"强度"单选按钮，如图12-46所示。

图12-43 打开项目文件

图12-44 导入素材图像

图12-45 调整图像大小和位置

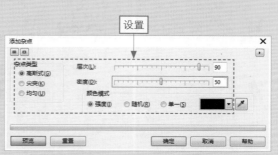

图12-46 设置"添加杂点"参数

STEP 05 单击"确定"按钮，即可给图像添加杂点效果，如图12-47所示。

STEP 06 选中风景图像，在菜单栏中选择"位图"|"创造性"|"框架"命令，弹出"框架"对话框，在对话框中选择"修改"选项卡，在其中设置"水平"为140、"垂直"为125，如图12-48所示。

图12-47 添加杂点效果

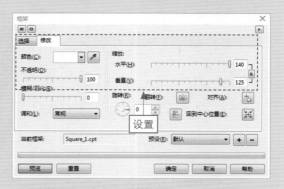

图12-48 设置"框架"参数

STEP 07 单击"确定"按钮，即可给图像添加框架效果，如图12-49所示。

图12-49 添加框架效果

读书
笔记

第13章 综合案例：商业广告设计实战

本章将运用CorelDRAW X7软件，设计企业VI、海报广告、DM广告、POP广告和商品包装，对CorelDRAW X7的主要功能作一个回顾，同时，将相对独立的章节内容融会贯通，达到举一反三的目的，让读者制作出更多的商业效果。

本章学习重点

- 制作企业 VI 效果
- 制作商业卡片效果
- 制作商品包装效果
- 制作 POP 广告效果
- 制作 DM 广告效果

【13.1 制作企业VI效果】

视觉识别VI（Visual Identity，VI）可以借助一切可见的视觉符号在企业外传递与企业相关的信息。VI是将企业的基本理念转化成系统化的视觉传达形式，塑造与企业经营理念、行为规范一致的视觉形象，它包括企业标志、标准字、标准色、标准规范、使用方法、事务用品、广告设计、传播媒介、制服、交通工具等。

13.1.1 设计分析

标志是一种特殊文字或图像组成的大众传播符号，以精练之形传达特定的含义和信息，是人们相互交流、传递信息的视觉语言。

由于标志在表现形式和社会功能方面的特殊性，导致了标志设计的思维方式、表现手段、设计语言和审美观等方面都具有自己的特征。下面介绍标志的3大特征。

1. 识别性

识别性是标志的基本特征。标志作为一种特定的符号，作为某一事物、人或组织的特征、精神传递给社会公众，以便社会公众辨别和认同。

2. 象征性

象征性是标志的本质特征。它通过具体形象暗示某一事物或某种较为普遍的意念，使象征的与被象征的内容在特定条件下的类似和联系，达到表示某种抽象概念或思想感情的目的。

在标志中，任何一种事物都具有与之相对应的意念含义，外界事物与人的内心世界是互相契合的。人们通过每件外在事物都能挖掘出潜藏的象征意义，因此要想强调具有物质感的物象，暗示内心的微妙世界，并把两个世界沟通起来，那么象征就是沟通它们的桥梁。

标志的象征性一般表现在暗示、隐喻、联想和烘托等4个方面。虽然这些方面有助于增强标志的表现力，但是随着历史的变迁、文化的兴衰和转移，出现了许多令人难以理解的符号。由于它们过于玄奥莫测、晦涩难解，已经成为历史性的神秘符号。

3．审美性

审美性是提高标志魅力的重要因素。由于人的知觉有一定的负荷限度，所以它对环境的刺激具有选择的功能，即具有接受和排斥的功能。而这种选择功能又受到人的兴趣和认知时间的限制。因此，标志不仅需要有吸引人的图形，而且应具有简练清晰的视觉效果。

 制作步骤

在现代设计中，好的企业VI要求简练、美观，含义准确，容易辨认和记忆，具有独特性，能更好地体现责任感、荣誉感和优越感。

应用案例　制作企业VI的主体效果

素材：光盘\素材\第13章\　　效果文件：光盘\效果\第13章\企业VI.cdr、企业VI.jpg

视频：光盘\视频\第13章\13.1.2 制作企业VI效果.mp4

STEP 01 选择"文件"|"新建"命令，新建一个空白文件，在属性栏中分别设置"高度"和"宽度"值为100mm和60mm，选取工具箱中的"椭圆工具"，移动鼠标指针至绘图页面，按下鼠标左键拖动，绘制一个椭圆形，如图13-1所示。

STEP 02 选取工具箱中的"钢笔"工具，将鼠标指针移至绘图页面，在椭圆形左侧单击，确认起始点，移动鼠标指针至另一位置，按下鼠标左键拖动，绘制一条曲线，如图13-2所示。

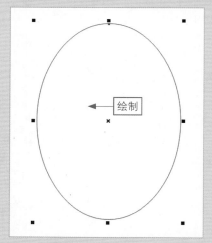

图13-1 绘制椭圆图形

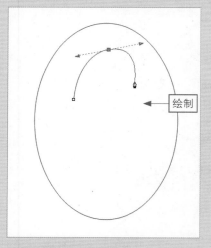

图13-2 绘制曲线

STEP 03 重复上述操作，在适当位置按下鼠标左键拖动，绘制曲线路径，如图13-3所示。

STEP 04 最后当终点与起点重合时，即鼠标指针下方呈 形状时，按下鼠标左键，绘制一条闭合的路径，如图13-4所示。

STEP 05 选取工具箱中的"选择工具"，在绘图页面中选择绘制的闭合路径，按住【Shift】键的同时选择椭圆路径，单击属性栏中的"移除前面对象"按钮，修剪选择的图形，得到如图13-5所示的图形。

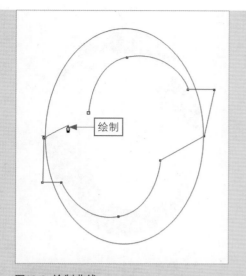

图13-3 绘制曲线

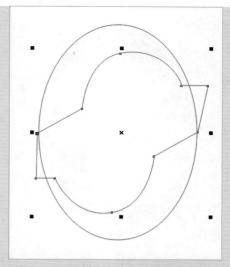

图13-4 绘制闭合路径

STEP 06 选取工具箱中的"交互式填充"工具，激活属性栏中的"均匀填充"按钮，再单击"编辑填充"按钮，设置CMYK的参考值分别为17、92、100、0，如图13-6所示。

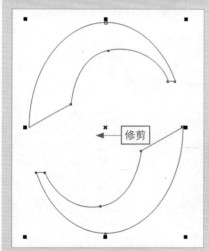

图13-5 得到的图形

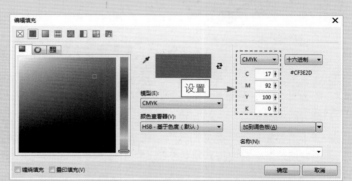

图13-6 "编辑填充"对话框

STEP 07 单击"确定"按钮，为修剪后的图形填充红色，效果如图13-7所示。

STEP 08 在属性栏中单击"轮廓宽度"右侧的下拉按钮，在弹出的下拉列表中选择"无"选项，删除图形的轮廓色，效果如图13-8所示。

STEP 09 选取工具箱中的"椭圆工具"，将鼠标指针移动至绘图页面，按下鼠标左键拖动，绘制一个椭圆形，如图13-9所示。

STEP 10 选取工具箱中的"钢笔"工具，将鼠标指针移动至绘图页面，在绘制的椭圆形位置，按下鼠标左键绘制一条闭合的路径，如图13-10所示。

图13-7 填充图形

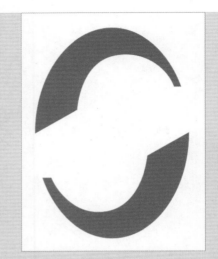

图13-8 删除轮廓色

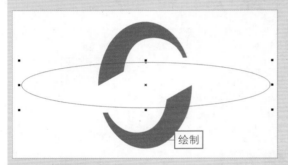

图13-9 绘制椭圆形

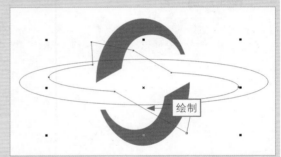

图13-10 绘制闭合路径

STEP 11 选取工具箱中的"选择工具"，在页面中选择绘制的闭合路径，按住【Shift】键的同时选择绘制的椭圆形，单击属性栏中的"移除前面对象"按钮，用后方的图形剪去前面选择的图形，得到如图13-11所示的路径。

STEP 12 选取工具箱中的"选择工具"，将鼠标指针移动至绘图画面，在绘图页面中选择已被填充红色的图形，按下鼠标右键将其拖至绘制的椭圆路径上，此时鼠标指针呈⊕形状，如图13-12所示。

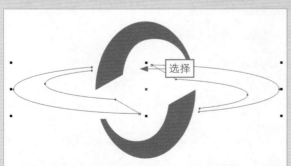

图13-11 得到的图形

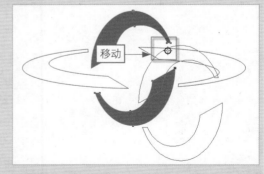

图13-12 拖动鼠标

STEP 13 释放鼠标右键，在弹出的快捷菜单中选择"复制所有属性"命令，将选择的图形的属性复制至修剪图形上，效果如图13-13所示。

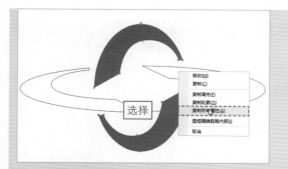

图13-13 复制图形属性

应用案例

制作企业VI的文字效果

素材：光盘\素材\第13章\ 效果文件：光盘\效果\第13章\企业VI.cdr、企业VI.jpg
视频：光盘\视频\第13章\13.1.2 制作企业VI效果.mp4

STEP 01 选取工具箱中的"多边形"工具，在属性栏中设置"点数或边数"值为4，将鼠标指针移动至绘图页面，在绘制的图形中间位置按下鼠标左键拖动，绘制一个多边形，如图13-14所示。

STEP 02 选取工具箱中的"交互式填充"工具，激活属性栏中的"均匀填充"按钮，再单击"编辑填充"按钮，弹出"编辑填充"对话框，设置CMYK的参考值分别为100、0、0、0，单击"确定"按钮，为绘制的多边形填充"蓝色"，在属性栏中设置"轮廓宽度"为"无"，效果如图13-15所示。

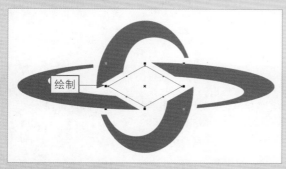

图13-14 绘制多边形

图13-15 填充图形并去掉轮廓

STEP 03 选取工具箱中的文本工具，在绘图页面中的适当位置输入相应的文字，在属性栏中设置"字体"为"方正综艺简体"、"字体大小"为22pt，效果如图13-16所示。

图13-16 输入文字

13.2 制作商业卡片效果

随着时代的发展，各类卡片广泛应用于商务活动中，人们在推销各类产品时，卡片起着展示、宣传信息的作用。卡片是商业贸易活动中的重要媒介体，俗称小广告。

设计分析

贵宾卡本身是一种单调的卡片，若在设计中以抢眼的颜色搭配一些辅助性效果，即可设计出一款精致、时尚和大方的贵宾卡。

贵宾卡一般有几个主要元素，即企业标志、企业名称、企业地址、企业广告语以及贵宾卡的价值，在设计时注意不要遗漏。

在设计商业卡片时，设计师需要注意以下设计要点：

● 独树一帜、不能雷同。

● 注意处理文字与图片的关系。

● 符合艺术美的规律，以及大众普通的审美情感。

● 用色精练，保持主调色，并产生对比层次，使设计既统一又有变化。

制作步骤

应用案例

制作商业卡片的主体效果

素材：光盘\素材\第13章\企业标志.cdr　效果文件：光盘\效果\第13章\制作卡片.cdr、制作卡片.jpg　视频：光盘\视频\第13章\13.2.2 制作商业卡片效果.mp4

STEP 01 按【Ctrl + N】组合键，新建一个空白页面，选取工具箱中的"矩形工具"，在绘图页面中的合适位置绘制一个大小为90mm×55mm的矩形，如图13-17所示。

STEP 02 单击属性栏中的"圆角"按钮，再激活"同时编辑所有角"按钮，并设置"转角半径"为4.0mm，效果如图13-18所示。

STEP 03 选取工具箱中的"选择工具"，选中矩形，打开"对象属性"泊坞窗，在"填充"选项卡中，单击"渐变填充"按钮，再激活"椭圆形渐变填充"按钮，设置0%位置为深棕色（CMYK值分别为58、80、99、40）、26%位置为棕色（CMYK值分别为64、95、94、26）、42%位置为浅棕色（CMYK值分别为34、85、98、5）、55%位置为棕黄色（CMYK值分别为15、68、99、0）、69%位置为橙黄色（CMYK值分别为1、34、94、0）、82%位置为橙黄色（CMYK值分别为1、15、97、0）、92%和100%位置均为黄色（CMYK值分别为0、0、100、0），适当调整渐变位置，效果如图13-19所示。

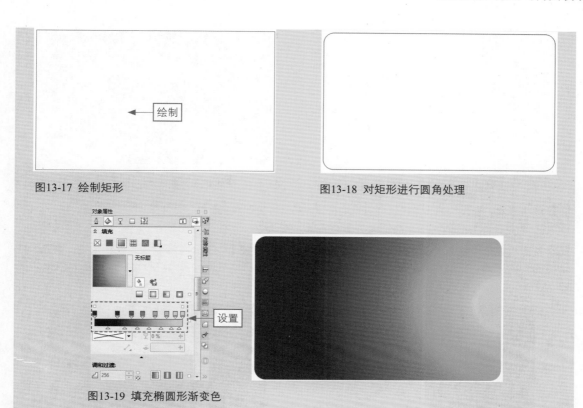

图13-17 绘制矩形　　　　　　　　　　　　图13-18 对矩形进行圆角处理

图13-19 填充椭圆形渐变色

STEP 04 选取工具箱中的"手绘"工具，在按住【Ctrl】键的同时，在页面中单击以确认起始点，移动鼠标，在合适的位置单击，绘制一条直线，如图13-20所示。

STEP 05 在"对象属性"泊坞窗中，选择"轮廓"选项卡，设置"轮廓宽度"为0.4 mm、"轮廓颜色"为土黄色（CMYK参考值分别为16、45、97、0），单击"确定"按钮，更改轮廓属性，效果如图13-21所示。

图13-20 绘制直线　　　　　　　　　　　　图13-21 更改轮廓属性的效果

STEP 06 选择"窗口"|"泊坞窗"|"变换"|"位置"命令，弹出"变换"泊坞窗，选中"相对位置"复选框，并设置"Y"为-1.2mm、"副本"为1，如图13-22所示。

STEP 07 单击"应用"按钮，移动并复制直线，效果如图13-23所示。

图13-22．"变换"泊坞窗

图13-23 移动并复制直线

STEP 08 单击多次"变换"泊坞窗中的"应用"按钮，移动并复制多条直线，效果如图13-24所示。

STEP 09 选取工具箱中的"选择工具"，框选绘制的所有直线，按【Ctrl＋G】组合键，群组直线，选取工具箱中的"透明度"工具，在页面的左侧单击并向右拖动至合适位置，进行透明化处理，效果如图13-25所示。

图13-24 移动并复制多条直线

图13-25 进行透明化处理

STEP 10 在调色板中的"40%黑"色块上单击，并拖动页面中渐变透明条上的起始控制柄，释放鼠标，编辑透明效果，如图13-26所示。

STEP 11 选取工具箱中的"缩放工具"，在页面中的右上角单击并拖动，出现一个虚线框，放大图形，效果如图13-27所示。

图13-26 编辑透明效果

图13-27 放大图形

STEP 12 选取工具箱中的"选择工具"，单击选中群组直线，在选取工具箱中的"裁剪工具"，按住鼠标右键轻微地拖动群组直线至页面的圆角矩形上，释放鼠标右键，在弹出的快捷菜单中选择"图框精确裁剪内部"命令，效果如图13-28所示。

STEP 13 选取工具箱中的"阴影工具"，在页面中心单击并向右角拖动鼠标，在其属性栏中设置"阴影的不透明"为42、"阴影羽化"为2，添加阴影效果，如图13-29所示。

图13-28 精确裁剪

图13-29 添加阴影效果

STEP 14 选取工具箱中的"贝塞尔"工具，在页面中绘制一个闭合图形，如图13-30所示。

STEP 15 打开"对象属性"泊坞窗，单击"填充"按钮，再单击"渐变填充"按钮，在其中设置"角度"为-65.0°，设置0%位置为土黄色（CMYK值分别为0、25、80、0）、25%位置为黄色（CMYK值分别为0、0、100、0）、50%位置为土黄色（CMYK值分别为0、25、80、0）、75%位置和100%位置均为"黄色"（CMYK值分别为0、0、100、0），填充渐变色并删除轮廓，效果如图13-31所示。

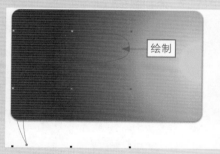

图13-30 绘制闭合图形

图13-31 填充渐变色并删除轮廓

STEP 16 参照上两步的的操作方法，运用"贝塞尔"工具绘制两个闭合图形并填充相应的渐变色，选取工具箱中的"选择工具"，选择绘制的图形，按【Ctrl＋G】组合键，群组图形，效果如图13-32所示。

STEP 17 选择"编辑"|"复制"命令，复制群组图形，选择"编辑"|"粘贴"命令，粘贴图形，并调整至合适的大小及位置，效果如图13-33所示。

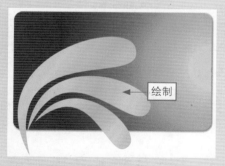

图13-32 绘制其他的图形

图13-33 复制并粘贴图形

STEP 18 单击鼠标右键，弹出快捷菜单，选择"顺序"|"置于此对象后"命令，鼠标指针呈黑色箭头形状时，单击第一个使用"贝塞尔"工具绘制的群组图形，将其后移一位，效果如图13-34所示。

STEP 19 选择"位图"|"转换为位图"命令，弹出"转换为位图"对话框，选中"透明背景"复选框，单击"确定"按钮，将矢量图形转换为位图，再选择"位图"|"模糊"|"高斯式模糊"命令，弹出"高

斯式模糊"对话框,设置"半径"为42像素,效果如图13-35所示。

图13-34 调整图形顺序

图13-35 高斯式模糊

STEP 20 按数字键盘上的【＋】键,原地复制一个位图图像,选取工具箱中的"透明度"工具,在属性栏中单击"均匀透明度"按钮,设置"透明度"为70,进行透明度化处理,效果如图13-36所示。

STEP 21 选取工具箱中的"选择工具",按【Shift＋Tab】组合键,选择其上方的图形,如图12-37所示。

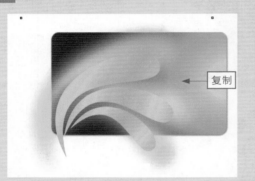

图13-36 复制图像并进行透明化处理

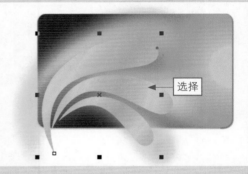

图13-37 选择图形

STEP 22 单击调色板中的"白色"色块,为群组图形填充白色,效果如图13-38所示。

STEP 23 选取工具箱中"透明度"工具,在属性栏中单击"均匀透明度"按钮,设置"透明度"为90,进行透明化处理,效果如图13-39所示。

图13-38 填充图形

图13-39 进行透明化处理

STEP 24 选取工具箱中的"选择工具"，在按住【Shift】键的同时，加选所有使用"贝塞尔"工具绘制的图形，并精确裁剪至圆角矩形中，调整其至合适的位置，效果如图13-40所示。

STEP 25 选择"文件"｜"打开"命令，打开一幅企业标志图形，按【Ctrl＋C】组合键，复制标志，切换至绘图页面，按【Ctrl＋V】组合键，粘贴复制的对象，并调整至合适的大小及位置，效果如图13-41所示。

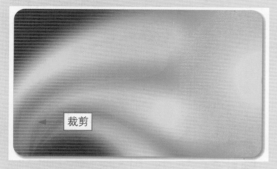

图13-40 裁剪图形

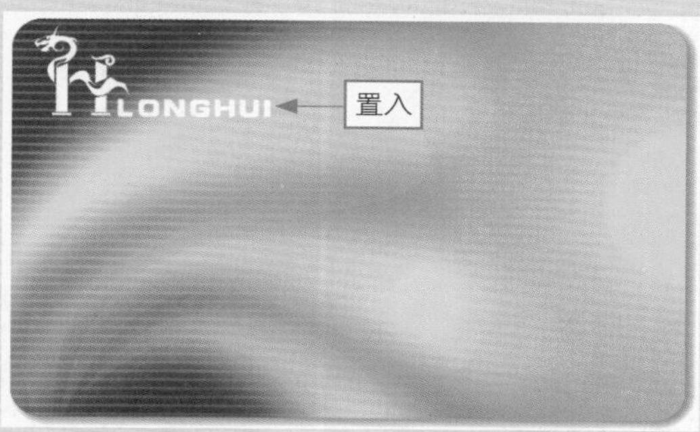

图13-41 置入标志素材

STEP 26 选取工具箱中的"矩形工具"，在页面的右下角绘制一个矩形，如图13-42所示。

STEP 27 选取工具箱中的"交互式填充"工具，在其属性栏上设置"填充色"为紫色（CMYK参考值分别为33、98、1、0），效果如图13-43所示。

图13-42 绘制矩形

图13-43 填充颜色

STEP 28 按住【＋】键的同时，按住鼠标左键选中矩形，向左拖动至合适位置，复制矩形，并设置"填充色"为洋红色（CMYK参考值分别为5、98、3、0），效果如图13-44所示。

STEP 29 参照上一步的操作方法，多次复制矩形并填充相应的颜色，如图13-45所示。

图13-44 复制矩形并填充1

图13-45 复制矩形并填充2

应用案例

制作商业卡片的文字效果

素材：光盘\素材\第13章\企业标志.cdr　效果文件：光盘\效果\第13章\制作卡片.cdr、制作卡片.jpg　视频：光盘\视频\第13章\13.2.2 制作商业卡片效果.mp4

STEP 01 选取工具箱中的文本工具，在绘图页面中的合适位置单击，输入文字"贵宾卡"，在其属性栏上设置"字体"为"方正大黑简体"、"字体大小"为35pt，单击调色板中的"红色"色块，为文字填充红色，如图13-46所示。

STEP 02 选择"位图"|"转换为位图"命令，弹出"转换为位图"对话框，选中"透明背景"复选框，单击"确定"按钮，将文字转换为位图，再选择"位图"|"三维效果"|"浮雕"命令，弹出"浮雕"对话框，设置"深度"为5、"层次"为161、"方向"为127，单击"确定"按钮，效果如图13-47所示。

图13-46 输入文字

图13-47 添加浮雕效果

STEP 03 选取工具箱中的"阴影工具"，在其属性栏中设置"预设"为"大型辉光"、"阴影的不透明"为90、"阴影羽化"为10、"阴影羽化方向"为"向外"、"合并模式"为"常规"、"阴影颜色"为白色，添加阴影，效果如图13-48所示。

STEP 04 选取工具箱中的"文本工具"，输入其他的文字，并设置好字体、字体大小、颜色及位置，效果如图13-49所示。

图13-48 添加阴影效果

图13-49 输入并调整文字效果

13.3 制作商品包装效果

　　包装是产品信息传达和视觉审美传达相结合的设计。包装不仅可以对商品进行保护，同时又能增加附加值，提高商品的竞争力，从而引发消费者产生购买冲动。

　　包装在视觉表现上除了保持简洁、新奇、实用的基本原则外，还必须考虑一些其他的因素，比如市场的竞争情况、陈列方式、大小，以及最现实的成本问题，这些都是左右包装视觉表现的重要因素。

设计分析

一个包装设计人员，仅仅知道装潢知识是不够的，还要积累多方面的知识，包括市场方面的知识。即包装设计人员要具备两个方面的能力，其一是包装设计本身，其二是信息传达，也就是装饰能力和表达能力。

怎样才能正确地进行设计呢？以下8个因素是包装设计时必须考虑的：

- 产品的类型；
- 产品的材料；
- 商品的质量；
- 是否具有商品保证书；
- 商品的产地；

- 商品生产的年代；
- 商品生产的方法和工艺；
- 如何沟通消费者与商品之间的联系，增进消费者购买商品的信心。

制作步骤

包装的主要功能是保护商品、传达商品信息、方便使用、方便运输和促进销售等，在进行包装设计时，应从实用、经济、美观、科学和创新等角度出发。

应用案例 制作商品包装的图像效果
素材：光盘\素材\第13章\电吹风.psd、人物图像.jpg 效果文件：光盘\效果\第13章\商品包装.cdr、商品包装.jpg 视频：光盘\视频\第13章\13.3.2 制作商品包装效果.mp4

STEP 01 按【Ctrl＋N】组合键，新建一个空白页面，选取工具箱中的"矩形工具"，在绘图页面中的合适位置绘制3个矩形，打开"对象属性"泊坞窗，设置"轮廓颜色"，CMYK值分别为51、94、87、8，效果如图13-50所示。

STEP 02 使用"选择工具"，在按住【Shift】键的同时，选择正面和右侧的矩形，设置"填充色"为白色，选择顶部的矩形，设置"填充色"，CMYK值分别为51、94、87、8，如图13-51所示。

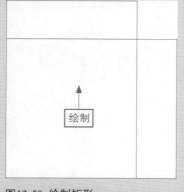

图13-50 绘制矩形

图13-51 填充颜色

STEP 03 使用"矩形工具"在绘图页面中的合适位置绘制出其他的矩形，并设置好填充色和轮廓色，效果如图13-52所示。

STEP 04 选取工具箱中的"手绘"工具，在正面的矩形上绘制一条直线，设置"轮廓颜色"，CMYK值分别为51、94、87、8，效果如图13-53所示。

图13-52 绘制矩形并填充颜色

图13-53 绘制直线

STEP 05 选取工具箱中的"椭圆工具"，在页面中的适当位置绘制一个正圆形，设置"填充色"为白色，"轮廓颜色"的CMYK值分别为51、94、87、8，效果如图13-54所示。

STEP 06 选取工具箱中的"贝塞尔"工具，在正面的矩形上绘制一个图形，设置"填充色"的CMYK值分别为51、94、87、8，并删除轮廓，效果如图13-55所示。

图13-54 绘制正圆形

图13-55 绘制图形

STEP 07 用同样的方法，在右侧的矩形上绘制图形，并填充颜色，如图13-56所示。

STEP 08 选择"文件" | "导入"命令，导入吹风机图像，如图13-57所示。

图13-56 绘制图形

图13-57 导入吹风机图像

STEP 09 用"选择工具"选中图像，再选取工具箱中的"裁剪工具"，按住鼠标右键将图像拖至正面的矩形内，释放鼠标，在弹出的快捷菜单中选择"图框精确裁剪内部"命令，效果如图13-58所示。

STEP 10 选择步骤06绘制的图形，选取工具箱中的"裁剪工具"，按住鼠标右键将图形拖至正面的矩形内，释放鼠标，在弹出的快捷菜单中选择"图框精确裁剪内部"命令，即可将图形放置于矩形内，再按住【Ctrl】键的同时，单击正面的矩形，进入可编辑状态，效果如图13-59所示。

图13-58 移至矩形中1

图13-59 移至矩形中2

STEP 11 使用"选择工具"选择吹风机，将吹风机放置到图形上方，并调整位置，效果如图13-60所示。

STEP 12 选取工具箱中的"阴影工具"，在其属性栏上设置"预设"为"中型辉光"、"阴影的不透明"为73、"阴影羽化"为15、"合并模式"为"常规"、"阴影颜色"为白色，添加阴影，效果如图13-61所示。

图13-60 调整吹风机的位置

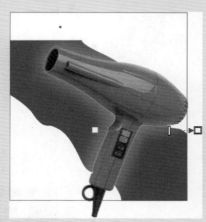

图13-61 添加阴影

专家指点

使用"交互式阴影"工具时，从对象中心单击并拖动鼠标可创建平面阴影；从对象的一侧单击并拖动鼠标可创建透视阴影。

STEP 13 在图像上单击鼠标右键，在弹出的快捷菜单中选择"结束编辑"命令结束编辑，效果如图13-62所示。

STEP 14 导入人物图像，参照上面的方法，将人物图像精确剪裁至正圆内，如图13-63所示。

图13-62 结束编辑后的效果

图13-63 精确剪裁

应用案例 制作商品包装文字效果

素材：光盘\素材\第13章\电吹风.psd、人物图像.jpg　效果文件：光盘\效果\第13章\商品
包装.cdr、商品包装.jpg　视频：光盘\视频\第13章\13.3.2 制作商品包装效果.mp4

STEP 01 选取工具箱中的文本工具，在绘图页面中的合适位置单击，输入文字，在其属性栏上设置"字体"为"汉仪菱心体简"、"字体大小"为28pt、"颜色"为红色（CMYK值分别为0、100、100、0），效果如图13-64所示。

STEP 02 用同样的方法输入其他的文字，设置好字体、字体大小、颜色及位置，效果如图13-65所示。

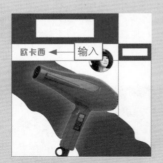

图13-64 输入文字

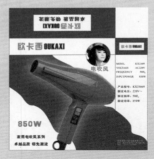

图13-65 输入其他的文字

STEP 03 单击工具栏上的"启动程序应用器"按钮⬛ ▾，在弹出的"条码向导"对话框中，设置条码类型，单击"完成"按钮，按【Ctrl＋V】组合键粘贴条形码并调整大小和位置，如图13-66所示。

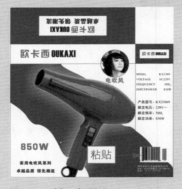

图13-66 插入条形码

【13.4 制作POP广告效果

　　POP广告是在一般广告形式的基础上发展起来的一种新型的商业广告形式。POP（Point Of Purchase）广告又称"购买点广告"。凡在商店建筑内外，能帮助促销的广告物，或提供有关商品情报、服务、指示、引导等内容的标志都可以称为POP广告。POP广告可以改善门店内的环境、营造购物气氛、直接提升销售成绩。

设计分析

　　在商业活动中，POP广告是一种极为活跃的促销形式，它通过多种手段将各种大众信息传播媒体的集成效果浓缩在销售场所中，它能够将商品的优点、内容、质量和使用方法清晰、明确地传达给消费者，提高商品的注目率，使消费者对广告媒介所做的宣传产生一种联想。

　　POP广告的运用能否成功，关键在于广告画面设计能否简洁、鲜明地传达信息，塑造优美的形象，使之富有动人的感染力。POP广告是直接沟通顾客和商品的小型广告，在设计技巧上与其他广告有以下一些不同之处：

● 必须特别注重现场广告的心理攻势。

● 造型简练、设计醒目。

● 注重陈列设计，吸引顾客驻足。

● 创造一种及时购买与消费的气氛。

　　因此，设计师在设计中既要运用平面设计视觉传达语言的普通规律，又要充分挖掘平面POP广告的独特艺术语言，才能设计出优秀的POP广告作品。

制作步骤

　　本实例设计的是一款爱佳购物广场春天篇POP，画面中以代表生命力的绿色为基调，鲜花作为点缀装饰着世界、装扮着生活，以亮丽的鲜花和蝴蝶为创意元素，体现出春天生命的气息，隐喻该购物城的物品新颖、时尚和精致，以及人们生活的丰富多彩。

应用案例 　制作POP广告的主体效果

素材：光盘\素材\第13章\POP背景.cdr、花.cdr、蝴蝶1.psd、蝴蝶2.psd、蝴蝶3.psd、标志.cdr　效果文件：光盘\效果\第13章\POP广告.cdr、POP广告.jpg　视频：光盘\视频\第13章\13.4.2 制作POP广告效果.mp4

STEP 01 选择"文件"｜"打开"命令，打开一个项目文件，如图13-67所示。

STEP 02 选取工具箱中的"椭圆工具"，按住【Ctrl + Shift】组合键的同时，在绘图页面中绘制一个正圆，在"对象属性"泊坞窗中，设置"填充"为"渐变填充"、"旋转"为90°，激活"线性渐变填充"按钮，设置0%和100%位置的"颜色"为白色、54%位置的"颜色"为浅绿色（CMYK值分别为11、0、36、0），并在属性栏上设置"轮廓宽度"为"无"，效果如图13-68所示。

STEP 03 选取工具箱中的"透明度"工具，从上向下拖动鼠标，至合适位置后释放鼠标，添加透明效果，如图13-69所示。

图13-67 打开文件

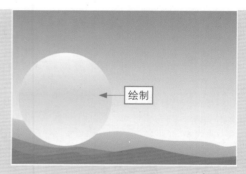

图13-68 绘制圆形并填充

STEP 04 选取工具箱中的"阴影工具"，在正圆形的中间单击并向右拖动鼠标至合适位置，在其属性栏上设置"阴影的不透明"为40、"阴影羽化"为6、"阴影羽化方向"为"向外"、"合并模式"为"常规"、"颜色"为淡绿色（CMYK值分别为6、1、21、0），添加阴影，效果如图13-70所示。

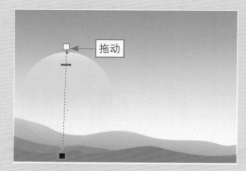

图13-69 添加透明效果

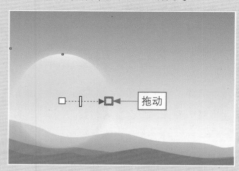

图13-70 添加阴影效果

STEP 05 按【Ctrl + I】组合键，导入一幅素材，并调整至合适大小及位置，效果如图13-71所示。

STEP 06 按键盘右侧的【 + 】键，拖动鼠标左键复制素材，等比例调整素材图像的大小，选取工具箱中的"选择工具"，调整其至页面中的合适位置，效果如图13-72所示。

图13-71 导入的素材

图13-72 复制及调整后的素材

STEP 07 选取工具箱中的"透明度"工具，从上向下拖动鼠标，至合适位置后释放鼠标，添加透明效果，如图13-73所示。

STEP 08 参照上面的操作方法，依次复制出其他素材，如图13-74所示。

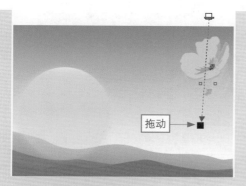

图13-73 添加透明效果

图13-74 复制并缩放图像

STEP 09 按【Ctrl＋I】组合键，导入3幅蝴蝶素材，如图13-75所示。

图13-75 导入蝴蝶素材

STEP 10 使用"选择工具"依次调整导入的蝴蝶素材的大小及位置，如图13-76所示。

STEP 11 选择一个蝴蝶素材，使用"阴影工具"从中间至下拖动鼠标，至合适位置后释放鼠标，在其属性栏上设置"阴影的不透明"为30、"阴影羽化"为15，再制作出其他蝴蝶素材的阴影效果，如图13-77所示。

图13-76 调整素材的大小及位置

图13-77 添加阴影效果

STEP 12 按【Ctrl＋I】组合键，导入标志素材，如图13-78所示。

STEP 13 使用"填充工具"为标志图像填充白色，并调整至合适的大小及位置，效果如图13-79所示。

图13-78 导入标志素材

图13-79 调整标志图像属性

应用案例　制作POP广告的文字效果

素材：光盘\素材\第13章\POP背景.cdr、花.cdr、蝴蝶1.psd、蝴蝶2.psd、蝴蝶3.psd、标志.cdr　效果文件：光盘\效果\第13章\POP广告.cdr、POP广告.jpg　视频：光盘\视频\第13章\13.4.2 制作POP广告效果.mp4

STEP 01 选取工具箱中的文本工具，在其属性栏上设置"字体"为"方正粗倩简体"、"字体大小"为155pt，在绘图页面中的合适位置单击，输入文字，如图13-80所示。

STEP 02 打开"对象属性"泊坞窗，在"填充"选项卡中设置"旋转"为90°，激活"渐变填充"按钮，并设置0%位置为黄色（CMYK值分别为0、0、100）、58%位置为淡黄色（CMYK值分别为0、0、20、0）、100%位置为白色（CMYK值均为0），效果如图13-81所示。

图13-80 输入文字

图13-81 渐变填充

STEP 03 选取工具箱中的"轮廓图"工具，在其属性栏上激活"外部轮廓"按钮，设置"轮廓图步长"为1、"轮廓图偏移量"为2.0mm、"填充色"为绿色（CMYK值分别为58、0、93、0），效果如图13-82所示。

STEP 04 单击鼠标右键，在弹出的快捷菜单中选择"转换为曲线"命令，将文字转换为曲线；选取工具箱中的"形状工具"，对"天"字进行调整，效果如图13-83所示。

图13-82 更改轮廓属性

图13-83 调整文字形状

STEP 05 选取工具箱中的文本工具，输入文字，其中"字体"为"方正粗倩简体"、"字体大小"为155pt，效果如图13-84所示。

STEP 06 打开"对象属性"泊坞窗，选中"渐变填充"单选按钮，在"填充"选项卡中设置"旋转"为90°，设置0%位置为紫色（CMYK值分别为24、92、0、0）、100%位置为深紫色（CMYK值分别为77、94、0、0），效果如图13-85所示。

图13-84 输入文字

图13-85 填充渐变颜色

STEP 07 选取工具箱中的"轮廓图"工具，在其属性栏上激活"外部轮廓"按钮，设置"轮廓图步长"为1、"轮廓图偏移量"为1.0mm、"填充色"为白色，效果如图13-86所示。

STEP 08 参照步骤05的操作方法，输入其他的文字，并设置好字体、字体大小、颜色及位置，效果如图13-87所示。

图13-86 填充轮廓色

图13-87 输入并调整文字属性

13.5 制作DM广告效果

DM广告也称为"邮送广告""直邮广告""小报广告"，即通过邮寄、赠送等形式，将宣传品送到消费者手中、家里或公司所在地。DM广告属于平面广告的范畴，因其具有目标针对性强、投递方式直接、信息容量大、免费赠送阅读、积极引导消费等优势，成为广告宣传的一大媒体。因此，在设计时要将着重点放在如何突出所要宣传的信息传达上。

13.5.1 设计分析

DM广告有广义和狭义之分，广义上包括广告单页，如大家熟悉的街头巷尾、商场超市散布的传单，肯德基、麦当劳的优惠卷也属于广义上的DM广告；狭义的仅指装定成册的集纳型广告宣传画册，页数在20～200不等。

进行DM广告设计时，需要了解以下相关问题：

（1）设计人员要透彻了解商品，熟知消费者的心理习性，知己知彼，方能百战不殆。

（2）爱美之心人皆有之，设计要新颖、有创意，印刷要精致、美观，方能吸引更多的眼球。

（3）DM的设计形式无法则，可视具体情况灵活掌握，自由发挥，出奇制胜。

（4）充分考虑其折叠方式、尺寸大小、实际重量，便于邮寄。

（5）可在折叠方法上玩些小花样，比如借鉴中国传统折纸艺术，让人耳目一新，但切记要使接受邮寄者方便拆阅。

（6）配图时，多选择与所传递信息有强烈关联的图案，刺激记忆。

（7）充分发挥色彩的魅力。

（8）好的DM广告莫忘纵深拓展，形成系列，以积累广告资源。

 制作步骤

DM是一种灵活、方便的广告媒体，可以直接将广告信息传送给真正的受众，具有成本低、认知度高等优点，本实例设计的是汽车DM广告，下面介绍具体的设计方法。

设置DM的尺寸及标尺线

素材：光盘\素材\第13章\汽车1.psd、汽车2.psd、月亮.psd、汽车标志.psd　效果文件：光盘\效果\第13章\DM广告.cdr、DM广告.jpg　视频：光盘\视频\第13章\13.5.2 制作DM广告效果.mp4

STEP 01 选择"文件"|"新建"命令，新建一个空白页面，在属性栏上设置页面为"横向"、"页面度量"为66.0cm和22.0cm，效果如图13-88所示。

STEP 02 在页面中的标尺上单击鼠标右键，在弹出的快捷菜单中选择"辅助线设置"命令，在泊坞窗中"水平"选项下方的文本框中输入-0.3000，单击"确定"按钮，添加水平辅助线，该对话框如图13-89所示。用同样的方法，添加其他的水平辅助线。

图13-88 设置页面大小

图13-89 设置水平辅助线参数

STEP 03 选取工具箱中的"矩形工具"，在页面中依照辅助线，绘制一个相应大小的矩形，并适当调整其位置，如图13-90所示。

STEP 04 按住【＋】键，再按住鼠标左键进行拖动，复制两个矩形，移动到适当位置并调整其大小，如图13-91所示。

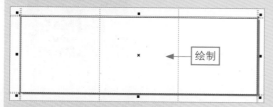

图13-90 绘制矩形

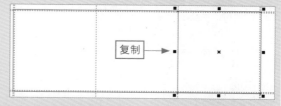

图13-91 复制并调整矩形

应用案例 布局DM的A面整体效果

素材：光盘\素材\第13章\汽车1.psd、汽车2.psd、月亮.psd、汽车标志.psd　效果文件：光盘\效果\第13章\DM广告.cdr、DM广告.jpg　视频：光盘\视频\第13章\13.5.2 制作DM广告效果.mp4

STEP 01 选中右边的矩形，选取工具箱中的"渐变填充"工具，在"对象属性"泊坞窗中设置"旋转"为-90.6°，设置0%位置为黑色（CMYK参考值分别为99、96、54、18）、14%位置为普蓝色（CMYK参考值分别为94、73、30、10）、40%位置为蓝色（CMYK参考值分别为91、45、3、0）、66%位置为淡蓝色（CMYK参考值分别为16、7、4、0）、85%和100%位置为白色（CMYK参考值均为0），效果如图13-92所示。

STEP 02 单击标准工具箱中的"导入"按钮，导入"汽车1.psd"素材图像，在工具属性栏上单击"水平镜像"按钮，水平镜像图像，并调整至合适大小及位置，如图13-93所示。

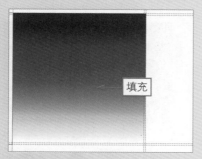

图13-92 渐变填充

图13-93 水平镜像汽车素材

STEP 03 选取工具箱中的"透明度"工具，在页面中心单击并向上拖动鼠标，进行透明化处理，效果如图12-94所示。

STEP 04 用鼠标左键拖动调色板中的"黑色"色块，至页面中的透明渐变条上的虚线上，释放鼠标，编辑透明效果，如图13-95所示。

STEP 05 按【Ctrl＋I】组合键，导入一幅素材图像，并调整至页面中的合适位置，调整至合适的大小，效果如图13-96所示。

STEP 06 选取工具箱中的"阴影工具"，在其属性栏中设置"预设"为"大型辉光"、"阴影的不透明"为80、"阴影羽化"为30、"阴影羽化方向"为"向外"、"阴影颜色"为青色（CMYK参考值分别为100、20、0、0）、"合并模式"为"乘"，效果如图13-97所示。

图13-94 进行透明化处理

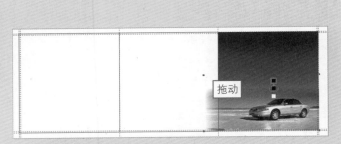

图13-95 编辑透明效果

图13-96 导入素材

图13-97 添加阴影效果

STEP 07 选取工具箱中的文本工具，在其属性栏中设置"字体"为"方正大黑简体"、"字体大小"为48.5pt，在页面中的右上角输入文字，在调色板中单击"白色"色块，更改文字颜色，效果如图13-98所示。

STEP 08 运用文本工具在页面底部单击，确认插入点，在其属性栏中设置"字体"为"黑体"、"字体大小"为13pt，输入文字，在调色板中的"蓝色"色块上单击，更改文字颜色，打开"对象属性"对话框，在"字符"选项卡中设置"轮廓宽度"为0.5mm、"轮廓颜色"为白色（CMYK参考值均为0），更改文字轮廓属性，如图13-99所示。

图13-98 输入文字

图13-99 输入并设置文字属性

应用案例 布局DM的B面整体效果

素材：光盘\素材\第13章\汽车1.psd、汽车2.psd、月亮.psd、汽车标志.psd　效果文件：光盘\效果\第13章\DM广告.cdr、DM广告.jpg　视频：光盘\视频\第13章\13.5.2 制作DM广告效果.mp4

STEP 01 运用"选择工具"选中页面中间的矩形，再选取工具箱中的"交互式填充"工具，在其属性栏上单击"渐变填充"按钮，再单击"复制填充"按钮，此时鼠标指针变成黑色的箭头，单击页面上右边的矩形，复制渐变填充效果，如图13-100所示。

STEP 02 按【Ctrl + I】组合键，导入"汽车2.psd"素材图像，并调整至合适的大小及位置，效果如图13-101所示。

STEP 03 选取工具箱中的"透明度"工具，在其属性栏上单击"渐变透明度"按钮，再单击"复制透明度"按钮，此时鼠标指针变成黑色的箭头，单击页面右边的汽车图像复制效果，如图13-102所示。

图13-100 复制渐变填充效果

图13-101 导入汽车2素材

STEP 04 选取工具箱中的文本工具，在页面中的合适位置单击，确认插入点，在其属性栏中设置"字体"为"华文行楷"、"字体大小"为50pt，并单击"竖排文本"按钮，输入文字，在调色板中单击"白色"色块，更改文字颜色，效果如图13-103所示。

图13-102 复制渐变透明化效果

图13-103 输入垂直文字

STEP 05 选取工具箱中的文本工具，在页面中的合适位置单击并拖动鼠标，绘制出一个文本框，在其属性栏中设置"字体"为"华文行楷"、"字体大小"为20pt，并单击"竖排文本"按钮，输入文字，效果如图13-104所示。

图13-104 输入段落文本

布局DM的C面整体效果

素材：光盘\素材\第13章\汽车1.psd、汽车2.psd、月亮.psd、汽车标志.psd　效果文件：光盘\效果\第13章\DM广告.cdr、DM广告.jpg　视频：光盘\视频\第13章\13.5.2 制作DM广告效果.mp4

STEP 01 运用"选择工具"选择左边的矩形，选取工具箱中的"交互式填充"工具，在其属性栏中设置"填充类型"为"标准填充"、"颜色模型"为CMYK，设置CMYK分别为0、0、0、15，进行单色填充，效果如图13-105所示。

STEP 02 选择"文件"|"导入"命令，导入一幅企业标志，并将其调整至合适的大小及位置，效果如图13-106所示。

STEP 03 选取工具箱中的"矩形工具"，在其属性栏上设置4个"转角半径"均为1.5cm，在绘图页面中的合适位置绘制一个圆角矩形，如图13-107所示。

图13-105 填充颜色

图13-106 导入企业标识

STEP 04 打开"对象属性"泊坞窗，设置"轮廓宽度"为0.35mm、"轮廓颜色"为黑色（CMYK值均为100），单击"线条样式"下拉按钮，编辑轮廓线的样式，如图13-108所示。

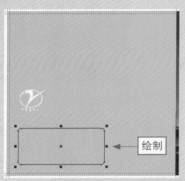

图13-107 绘制圆角矩形

图13-108 更改轮廓属性

STEP 05 选取工具箱中的文本工具，在页面的左上角单击，确认插入点，在其属性栏中设置"字体"为"黑体"、"字体大小"为32pt，输入文字，设置文字的"颜色"为黑色（CMYK参考值均为100），效果如图13-109所示。

STEP 06 用同样的方法，输入其他的文字，设置好字体、字号、颜色及位置，效果如图13-110所示。

图13-109 输入文字

图13-110 最终效果